作物学综合实验及课程实习指导

主　编　陈云飞
副主编　庄　立
参　编　徐玉梅　漆丽萍

西南交通大学出版社
·成　都·

图书在版编目（CIP）数据

作物学综合实验及课程实习指导 / 陈云飞主编.
成都 : 西南交通大学出版社，2025. 1. -- ISBN 978-7-5774-0349-6

Ⅰ. S31-33

中国国家版本馆 CIP 数据核字第 2025DF0619 号

Zuowuxue Zonghe Shiyan ji Kecheng Shixi Zhidao

作物学综合实验及课程实习指导

主　编 / 陈云飞

策划编辑 / 张少华　李晓辉
责任编辑 / 赵永铭
责任校对 / 蔡　蕾
封面设计 / 墨创文化

西南交通大学出版社出版发行
（四川省成都市金牛区二环路北一段 111 号西南交通大学创新大厦 21 楼　610031）
营销部电话：028-87600564　　028-87600533
网址：https://www.xnjdcbs.com
印刷：成都蜀雅印务有限公司

成品尺寸　185 mm × 260 mm
印张　10.75　　字数　259 千
版次　2025 年 1 月第 1 版　　印次　2025 年 1 月第 1 次

书号　ISBN 978-7-5774-0349-6
定价　36.00 元

课件咨询电话：028-81435775
图书如有印装质量问题　本社负责退换

前言 PREFACE

2015年，教育部、国家发展改革委、财政部联合发布了《教育部 国家发展改革委 财政部关于引导部分地方普通本科高校向应用型转变的指导意见》（教发〔2015〕7号），意味着一大批应用型特色的高校将发展起来。应用型本科高校的发展体现了在高校教育教学改革的探索中对实践教学的强化，实践教学是培养学生实践能力和创新能力的重要环节，也是提高学生社会职业素养和就业竞争力的重要途径。鉴于此，编写组将作物栽培学、耕作学等相关课程涉及的实验、实习、实践内容进行统筹，收集资料，整理编撰成一部实践性强、科学合理、系统完善的综合性实验实习实践指导教材。

本教材编写者为多年从事相关课程实验实习实践课程的优秀教师，具有深厚的行业背景和丰富的实践经验，能够深度地将理论与实践相结合，保证了教材编写内容的实用性和科学性。本教材从实验实习实训角度设计教学过程，结合专业理论知识，联系实际，系统设计教学内容，使学生在理解掌握作物学相关理论基础知识的基础上，熟练掌握和运用作物栽培学、耕作学等的相关基本实践操作技能，促进发展学生具备指导实际生产与开展相关研究的能力，培养学生的实际应用能力、动手能力和善于思考解决实际生产问题的能力。本教材分为实验和实习两篇。第一篇作物学综合实验共七章三十八个实验，内容涉及作物种子质量及播前处理技术、作物生长发育观察、作物栽培肥料运筹管理、作物布局与种植制度等；第二篇作物学课程实习共十二项实习内容，包含作物生产实习和耕作学实习两方面。

本教材由普洱学院陈云飞主编，庄立副主编，徐玉梅、漆丽萍参编。其中，陈云飞负责第一篇作物学综合实验的编写、全书统稿及总体审核，庄立负责第二篇作物学课程实习部分的编写，徐玉梅负责第一篇作物学综合实验的图表及审核，漆丽萍负责第二篇作物学课程实习的图表及审核。

本教材在编写过程中，得到强继业教授、李孙洋副教授和李剑美副教授的悉心指导，并得到普洱学院教务处、茶叶咖啡学院各位领导的支持和帮助，在此表示衷心的感谢！

由于编者水平所限，疏漏之处难免，恳请广大读者、专家、教学工作者和同行提出宝贵意见和建议，帮助我们今后进行改进和完善。

编　者

2025年1月

目录 CONTENTS

第一篇　作物学综合实验

第一篇
作物学综合实验

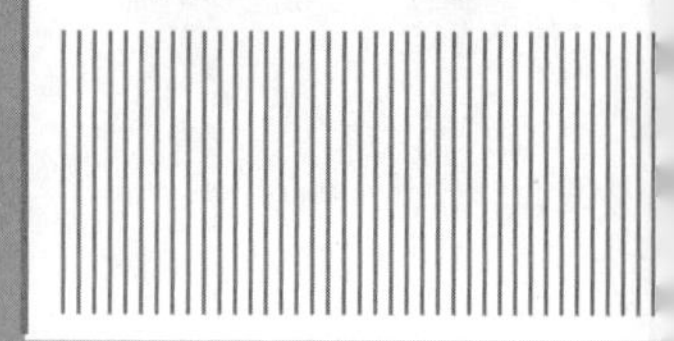

第一章 作物种子质量及播前处理技术

实验一　作物种子净度分析及水分含量的测定

《农作物种子检验规程　总则》（GB/T 3543.1—1995）规定了我国种子分级的四大指标，即净度、水分、发芽率、品种纯度。

种子净度（seed purity）指供检样品中除去杂质和其他植物种子后留下本作物净种子重量[1]占样品总重量的百分率。

种子水分是指按规定程序把种子样品烘干得到失去的重量，用失去的重量占供检验样品原始重量的百分率表示。

一、实验目的

（1）明确种子检验在农业生产中的重要性。

（2）掌握测定种子净度及水分的基本操作技能。

（3）学会使用各种仪器。

二、材料及用具

材料：玉米、小麦、棉花等当年种子。

用具：恒温培养箱、培养皿、天平（感量 0.001 g）、蒸馏水、烧杯、吸管、镊子、单面刀片、扦样器、分样器、滤纸、浆糊、标签纸、剪刀、恒温烘箱、粉碎机、金属丝筛子（0.5 mm、1.0 mm、4.0 mm）、样品盒、干燥器、坩埚钳、干燥剂。

三、种子净度分析及水分含量测定的意义及重要性

种子净度分析是农业用种环节重要的一环，种子净度是判断种子质量的重要指标，是进行种子分级和确定播种量的重要依据，在农业生产中有重要的意义；同时，种子净度分析分离出的净种子可以作为种子质量其他项目测定（如发芽率分析）的样品；另外，杂质种类及其比例的分析，有助于决定采用适宜的种子加工处理方法。

优良的种子应该是洁净、不含任何杂质和其他废杂物的。种子净度低、杂质多、水分重

1 本书使用的“重量、恒重、干重、干物重”均表示物品的“质量”，使用“质量”表示物品的好坏。

对农业生产有很大的影响。首先，同样地块面积，种子播种量增加，种子利用率低，生产成本增加；其次，带有杂草和病虫害的种子播种后，病虫草害发生率增加，影响作物的生长发育，许多有害或有毒杂草甚至会造成人畜中毒；再次，水分含量较高的杂质或种子本身影响种子的贮藏和运输安全。

四、实验内容说明

1. 种子净度分析方法

（1）快速法：1908 年创立于加拿大，之后广泛应用于美洲大陆，被列入《国际种子检验规程》。

（2）精确法：1875 年诺培（种子科学和种子检验的创始人）创立。

2. 种子净度分析的标准

（1）快速法。

快速法将种子分成 3 种成分：

① 净种子；

② 其他植物种子；

③ 杂质。

（2）精确法。

《农作物种子检验规程 净度分析》（GB/T 3543.3—1995）规定，在进行净度分析时，需要区分好种子、废种子、有生命杂质和无生命杂质。各成分标准如下：

① 好种子。

a. 完整的、发育正常、籽粒饱满的种子。

b. 种子虽然不十分饱满，但按规定筛孔未筛下去。

c. 幼根或胚芽开始突破种皮，但幼根或胚芽尚未露在种皮外面。

d. 胚乳或子叶受损伤，但种子仍保存 2/3 以上。

e. 种皮微裂，而种皮尚未受损害。

f. 有皮大麦、有皮燕麦的裸粒种子。

② 废种子。

a. 无种胚的种子。

b. 规定筛孔筛下来的小粒和瘦粒种子。

c. 不经筛选的瘦秕种子（饱满度不及正常种子的 1/3，花生种子不及正常种子 2/5）。

d. 发芽而幼根突出种皮的种子。

e. 腐烂、压碎、压扁和残缺程度达 1/3（不论有无种胚）的种子。

f. 豆科、十字花科脱去种皮的种子。

③ 有生命杂质。

a. 杂草种子，不论这些种子是否已受损伤。

b. 有种胚的其他作物种子，不论它是完整的，还是已经受损的。

c. 菌核、菌瘿、黑穗病的孢子团（块）、线虫病粒及附有黑穗病孢子的壳。

d. 活的种子害虫、幼虫、虫、卵、蛹。

④ 无生命杂质。

a. 土块、小石子、沙子、鼠及昆虫的粪便、碎茎秆、谷壳、种子碎屑等。

b. 其他作物胚已受损害的无种胚种子。

c. 死的种子、害虫及幼虫。

3. 送验样品的准备

扦取 ——→ 初次样品 ——→ 混合样品 ——→ 送验样品

从一个检验单位各点扦取的初次样品混合在一起就组成一个混合样品，从混合样品中分出一部分种子作为检验用者，称为送验样品。送验样品可以用分样器分得。

在测定种子净度前，要从送验样品中分出试验样品。

表 1-1　主要作物种子送验样品和净度分析的试验样品最小重量

种（变种）名	样品最小重量	
	送验样品/g	净度分析的试样/g
裸燕麦、大麦、小麦、黑麦	1 000	120
辣椒	150	15
烟草	25	2.5
稻	400	40
玉米	1 000	900
大豆	1 000	500
芥菜型油菜	40	4
黄瓜	150	70
蚕豆	1 000	1 000

五、实验方法与步骤

本试验的扦样、混合及分样部分由教师介绍，各组同学从送验样品（玉米 3 000 g，小麦 1 000 g）做起，采用精确法进行净度分析。

1. 净度分析

从送验样品中取玉米试验样品 900 g 和小麦试验样品 120 g 进行净度分析，每种作物重复 3 次。依据《农作物种子检验规程 净度分析》（GB/T 3543.3—1995）规定，把好种子与废种子、有生命及无生命杂质区分出来。

$$种子净度=\frac{试样重量-杂质重量}{试样重量}\times 100\%$$

表 1-2　种子净度分析

种（变种）名		净度分析			
		好种子/g	废种子/g	有生命杂质/g	无生命杂质/g
小麦	1				
	2				
	3				
玉米	1				
	2				
	3				

2. 种子水分测定

从送验样品剩余部分中称取玉米和小麦 15 ~ 25 g（精确到 0.01 g），利用低恒温烘干法进行水分测定，每种作物重复 3 次。

（1）取样磨碎。

用粉碎机将称取好的种子磨碎至至少有 50% 的磨碎成分通过 0.5 mm 筛孔的金属丝筛，而留在 1.0 mm 筛孔金属丝筛子的不超过 10%。

（2）烘干称重。

先将样品盒预先烘干、冷却、称重，记为 M_1（精确至 0.01 g），并记下盒号，取试样（磨碎种子应从不同部位取得）4.5 ~ 5.0 g，将试样放入预先烘干和称重过的样品盒内，再称重，记为 M_2（精确至 0.01 g）。使烘箱通电预热至 110 ~ 115 °C，将样品摊平放入烘箱内的上层，关闭烘箱门，使箱温在 5 ~ 10 min 内回升至（103±2）°C时开始计算时间，烘 8 h。用坩埚钳盖好盒盖（在箱内加盖），取出后放入干燥器内冷却至室温，30 ~ 45 min 后再称重，称重后再放入（103±2）°C烘箱中继续烘干半小时，再次称重，直至烘干至恒重，记为 M_3（精确至 0.01 g）。

（3）结果计算。

$$种子水分（\%）=\frac{M_2-M_3}{M_2-M_1}\times 100\%$$

式中：M_1——样品盒和盖的重量，g；

M_2——样品盒和盖及样品的烘前重量，g；

M_3——样品盒和盖及样品的烘后重量，g。

六、实验作业

（1）计算小麦、玉米种子净度。

（2）计算小麦、玉米种子水分含量。

（3）完成实验报告。

实验二　作物种子千粒重及发芽率的测定

一、实验目的

（1）查阅资料，了解常见作物种子的千粒重。
（2）掌握测定种子发芽率的基本方法及作用。
（3）熟练掌握用种量的计算并能应用于生产实际。

二、材料及用具

材料：玉米、小麦、水稻等单子叶植物当年种子，大豆、辣椒、油菜、南瓜等双子叶植物当年种子，两种类型种子分别选 1～2 种。

用具：光照发芽箱、真空数种器或电子自动数粒仪、培养皿、天平（感量 0.1 g、0.01 g）、蒸馏水、烧杯（200 mL）、方形发芽盒、细砂、土壤筛（0.8 mm、0.05 mm）、吸水纸（或滤纸）、标签纸、剪刀、搪瓷盘等。

四、实验内容说明

不同作物种子千粒重有较大差异，常见作物种子或蔬菜种子的千粒重见附录表 A1 和表 A2。其他作物种子千粒重也可查阅相关资料获得或通过实验测定获得。

种子收获时的成熟度，胚或胚乳受损，带有病虫害等均影响种子发芽率。种子收获后，在贮藏过程中，由于受到外界环境条件的影响，胚部细胞会发生衰老变化，随着种子的衰老程度的加深，种子的发芽率逐渐降低。一般当某作物种子的发芽率降低到 50% 以下时，说明该批作物种子生活力已显著衰退，不宜再用作种子进行播种。

种子的优良品质是保证作物出苗快、苗齐、苗全、苗壮的重要条件，种子品质优良，田间的发芽率高，田间出苗能力强，成苗率高。因此，测定种子的发芽率的最终目的是在播前评定种子品质，为确定播种量提供重要依据。

五、实验方法与步骤

1. 千粒重的测定

种子千粒重是体现种子大小与饱满程度的一项指标，是检验种子质量的重要内容。种子饱满，纯净度高，内部生理生化成分协调，干物质含量多，种子千粒重大，是种子成熟好、发芽潜力大、发芽整齐的基本保证，成苗后植株生命力旺盛。依据种子的大小，千粒重测定方法主要有百粒法（适用于较大粒种子）、千粒法（适用于小粒种子或大小极不均匀的种子）、全量法（纯净种子小于 1 000 粒）。

百粒法：测定大粒种子，如玉米、大豆种子一般只测百粒重。

取净度分析后的玉米种子 1 kg，随机数取 100 粒构成 1 组，重复 8 次，共 800 粒，每组重复分别称重，计算得到种子的千粒重。

$$\bar{x}=\sum x_i/n$$

$$s=\sqrt{\frac{\sum x_i^2-(\sum x_i)^2/n}{n-1}}$$（x_i 为每组种子百粒重，n 为重复组数）

$$cv=s/\bar{x}\times 100\%$$

$$千粒重=\bar{x}\times 10$$

（1）种粒大小悬殊的种子变异系数不超过 6.0%，一般种子不超过 4.0%；

（2）变异系数超过上述限度时，需重做 8 个，计算 16 个的标准差；

（3）舍弃与平均数之差超过 1.96 倍标准差的各重复重量[x_i (g)]，计算剩下重复的平均重量作为最终值，完成表 1-3 的填写。

表 1-3　千粒重结果记录表（百粒法）

重复号	1	2	3	4	5	6	7	8
x_i/g								
平均值 $\bar{x}$/g								
标准差（s）								
变异系数（cv）								
千粒重/g								

方法二：千粒法，测定小粒种子或大小极不均匀的种子，如辣椒种子、萝卜种子、油菜种子等。

取净度检验后的油菜种子 500 g 用四分法分成四份，从每份中随机数取 250 粒，构成总共 1 000 粒种子为一组，重复两次，用天平分别称重，取两组的平均数。两个重复的差数与平均数之比不应超过 5%，若超过应再分析第三组重复。

方法三：全量法，数取种子净度分析台的全部净种子的总粒数，称其重量（精确至 0.01 g），再将重量和粒数按公式测得千粒重。

2. 发芽率的测定

取千粒重测定后的玉米、小麦、油菜种子各 400 粒。玉米种子 50 粒一份，8 次重复；小麦、油菜种子 100 粒一份，4 次重复。

（1）玉米种子发芽：砂床发芽法，选用无化学污染的细砂，使用前过筛（0.8 mm 和 0.05 mm 孔隙的土壤筛），过筛后取 0.05 ~ 0.8 mm 细砂，蒸馏水洗涤后薄层摊入搪瓷盘内，120 ~ 140 ℃高温烘 3 h 以上。将高温灭菌后的砂加蒸馏水拌匀（砂的含水量为其饱和含水量的 60% ~ 80%，用手压砂以不出现水膜为宜），然后将湿砂放于发芽盒内，摊平，砂子厚度为 2 ~ 3 cm。

然后播入 50 粒种子，种胚朝上，再盖上 1.5 ~ 2.0 cm 湿砂，盖好盖子，8 次重复。在方形盒上贴好标签（包括样品号码、品种名称、置床日期、重复次数、姓名、学号等）。温度设定 30 ℃，光照条件下培养。

（2）小麦种子发芽：采用纸卷法实验。先将一层吸水纸（36 cm × 28 cm）湿润并平铺在工作台上，然后摆入 100 粒种子，再盖上一层湿润的吸水纸，底边向上折起 2 cm 宽，卷成松的纸卷，两端用皮筋扣住，垂直插在有水透明容器里，4 次重复。在透明容器上贴好标签（包括样品号码、品种名称、置床日期、重复次数、姓名、学号等），盖上盖子或套上透明塑料袋，放入恒温箱中，温度设定 20 ℃，光照条件下培养。

（3）油菜种子发芽：在方形发芽盒内放入两层浸湿的吸水纸，铺平，加水至吸水纸饱和。将油菜种子均匀摆在吸水纸上，每盒 100 粒种子，4 次重复。在发芽盒上贴好标签（包括样品号码、品种名称、置床日期、重复次数、姓名、学号等），温度设定 20 ℃，光照条件下培养。

发芽实验期间，每天检查发芽箱内的温度和发芽床的水分，对水分不足的，用滴管或喷壶适量补水，同时注意通气和种子发霉情况；使用玻璃器皿做发芽容器的，注意加盖或套袋后的通气状况，应经常通气换气；发现表面发霉的种子，应取出洗涤后再放回原处，严重发霉的（发霉超 5%），应重新更换发芽床；发现腐烂种子，应取出并做好记录。

发芽期间每天做好发芽情况记录，取出已发芽种子并计数，见表 1-4。末次计数的时间，玉米为第 7 天，小麦为第 8 天，油菜为第 7 天，其中，上述天数以置床后 24 h 为 1 d 推算，且不包括种子预处理的时间。如果确认某样品已经达到最高发芽率，也可在规定的时间提前结束试验，而到规定的结束时间仍有较多的种粒未萌发（如包衣种子），也可酌情延长试验时间。发芽试验所用的实际天数应在检验结果报告中写明。

发芽记录标准：种子胚根与种子等长，胚芽达种子长度 1/2 以上时为发芽。

表 1-4　发芽试验记录

种子	重复号	发芽种子数								
		第 1 天	第 2 天	第 3 天	第 4 天	第 5 天	第 6 天	第 7 天	第 8 天	总计
玉米	1									
	2									
	3									
	4									
	5									
	6									
	7									
	8									

续表

种子	重复号	发芽种子数								
		第 1 天	第 2 天	第 3 天	第 4 天	第 5 天	第 6 天	第 7 天	第 8 天	总计
小麦	1									
	2									
	3									
	4									
油菜	1									
	2									
	3									
	4									

计算不同作物种子的发芽势、发芽率等，完成表 1-5 的填写。

发芽势指测试种子的发芽速度和整齐度，其表达方式是计算种子从发芽开始到发芽高峰时段内发芽种子数占测试种子总数的百分比。其数值越大，发芽势越强。它也是检测种子质量的重要指标之一。

发芽率指发芽结束测试种子发芽数占测试种子总数的百分比。

发芽势=至发芽高峰期发芽的种子数/供试种子数 × 100%

发芽率=（至发芽结束发芽种子数/供试种子数）× 100%

表 1-5　发芽情况结果计算

种子	重复号	发芽势	发芽率	平均发芽势	平均发芽率	备注
玉米	1					
	2					
	3					
	4					
	5					
	6					
	7					
	8					

续表

种子	重复号	发芽势	发芽率	平均发芽势	平均发芽率	备注
小麦	1					
	2					
	3					
	4					
油菜	1					
	2					
	3					
	4					

六、实验作业

（1）计算小麦、玉米种子千粒重。

（2）计算小麦、玉米种子发芽势、发芽率。

实验三　小麦播种用种量的计算

小麦的种植密度、发芽率、成苗率、分蘖能力等都对小麦的产量有着重要的影响，种植密度过大或过小都不利于小麦产量品质的形成，小麦的用种量过多，同时也会造成种子资源的浪费，生产成本的增加，因此，相对合适的用种量是小麦高产优质，减少生产成本浪费的关键。

一、实验目的

（1）明确合理计算用种量在农业生产中的重要性。
（2）掌握基本苗的概念，并能进行基本苗的计算。
（3）理解小麦分蘖能力对小麦产量的重要意义，能够计算小麦亩总穗数。
（4）掌握并能熟练应用小麦用种量计算公式。

二、材料及用具

草稿纸、计算器、数据资料。

三、实验内容说明

种子发芽率、成苗率、分蘖能力等是决定小麦种植密度的重要因素。通过对小麦品种分蘖成穗和小麦基本苗数的计算，基于“以田定产，以产定穗，以穗定苗，以苗定籽”的原则，从而确定小麦播种量的多少。

（1）亩穗数：高产小麦亩穗数 40 万左右。

（2）单株有效穗数：单株有效穗数包含主茎穗及其分蘖穗数，跟小麦品种有直接的关系，分蘖能力强的品种，有效穗数多，同时，分蘖早晚、栽培管理技术措施也是影响成穗的重要因素。

（3）小麦基本苗数：基本苗即为由一粒种子发芽长成的作物个体。

四、实验方法与步骤

（1）确定亩产量。
（2）确定播种面积。
（3）确定该小麦品种的千粒重（g）。
（4）确定该品种小麦种子的发芽率。
（5）确定该品种小麦种子的田间出苗率。
（6）播种量的计算：

① 基本苗数=亩穗数/单株有效穗数。

② 每千克种子粒数=1 000 × 1 000/千粒重（g）

③ 播种量（kg/亩）=基本苗（万株/亩）× 千粒重（g）÷（1 000 × 1 000 × 发芽率 × 田间出苗率）。

（7）根据表 1-6 数据，计算不同小麦品种的播种用种量。

表 1-6　不同小麦品种播种用种量计算

品种	基本苗/（万株/亩）	千粒重/g	发芽率	出苗率	面积/亩	用种/kg	备注
A	17	42	95%	78%	30		
B	15	35	93%	82%	50		
C	20	40	97%	80%	100		

五、实验作业

（1）计算小麦用种量。

（2）讨论小麦用种量与品种、播期、播种方式、土壤墒情、土壤肥力等的关系。

实验四　水稻种子播前处理及催芽技术

水稻种子播前处理及催芽技术是保证种子出苗齐、全，苗期管理方便，幼苗生长健壮，成苗率高，育苗质量好的基础。

一、实验目的

（1）了解水稻种子播前处理的意义和常用方法。

（2）掌握石灰水浸种消毒的操作方法与注意事项。

（3）掌握水稻种子催芽技术并能应用于生产。

二、材料及用具

杂交水稻种子、生石灰、天平、筛子、水桶、筲箕、发芽盘等。

三、实验内容说明

（1）晒种：将种子于晴天晒 1～2 天，晒种过程中要摊薄勤翻，阳光紫外线可以杀死种子表皮上的部分病菌，同时可使种子水分一致，利于提高水稻种子发芽势，使发芽整齐，苗齐苗壮。

（2）选种：选种有风选、筛选、溶液选等方法。溶液一般选用黄泥水、盐水选种，溶液浓度为 1.05～1.10 mg/cm^3，选种完后用清水将种子冲洗干净。杂交稻种子饱满度较差，一般清水选种即可。

（3）浸种：使水稻种子快速吸胀吸水，促进种子早出芽，浸种时间不宜太长，易使种子养分外溢，甚至造成种子缺氧引起酒精发酵，降低发芽率和抗寒性。杂交稻种子饱满度差，采用间歇浸种或热水浸种的方法，可以提高发芽势和发芽率。

（4）消毒：可结合浸种进行，常用广谱性抗菌剂或强氯精浸种消毒，也可采用成本较低的生石灰水消毒。消毒过程中，如种子已经吸胀吸水，可不再浸种。用药剂消毒的种子，需要用清水清洗干净后再催芽，以免影响发芽。

（5）催芽：将浸种消毒后的种子，放在适当的环境条件下，促使其尽快出芽，一般要求快（2～3 天内催好芽）、齐（发芽率 90%以上）、匀（出芽均匀、根长芽长整齐一致）、壮（芽色白、无异味、根长一粒谷、芽长半粒谷）。催芽方法一般有酿热温床催芽、温室催芽、地窖催芽等，实验室内也可用催芽箱或恒温恒湿培养箱催芽。

四、实验方法与步骤

1. 晒　种

市场上购买水稻种子 5 kg，于室外薄摊晾晒 1～2 天，每天注意翻晒，保证晒种均匀。

杂交稻种子宜用竹筛或簸箕晒种，晒种时间不宜太长，0.5～1 天即可。

2. 选　种

准备好一水桶，倒入晒好的杂交水稻种子，倒入清水，清水量以淹过种子 5 cm 左右为宜，充分搅拌均匀，静置 10 min，捞出漂于表面的杂物、谷壳、瘪粒等，剩下沉于水底的饱满种子；倒掉清水，摊开晾置。

3. 浸种消毒

本实验采用石灰水浸种消毒，石灰水浸种杀菌的原理：石灰水与空气中的二氧化碳接触在水面形成碳酸钙结晶薄膜以隔绝空气，使种子上的病菌及害虫得不到空气而窒息，即利用种子的耐缺氧能力高于病菌害虫这一特点来杀灭病虫而不降低种子的发芽能力。

（1）1%石灰水的制备。

先计算一下水桶可加入的水量（不宜太满），后按 10 kg 水加入 0.1 kg 生石灰的比例计算需要的生石灰量。将水桶放置平稳，再用箩箕盛生石灰置于水桶上方，从准备好的清水中舀起少量倒入箩箕化开生石灰并使石灰水流入桶中，通过冲洗溶解滤去生石灰中的杂质，然后往桶里兑水成 1%浓度的石灰水。

（2）浸种方法和注意事项。

将水选好的水稻种放入容器内，加入石灰水，以石灰水高出种子 15～20 cm 为度。在浸种过程中，注意不要搅动，以免弄破石灰水表面结膜而导致空气进入水层影响杀菌效果。浸种时间因季节不同而异。一般早稻浸种期间，外界气温 15～20 ℃时，浸 3～4 天；晚稻浸种期间，外界气温在 25 ℃左右，浸种 1～2 天。浸种期间，注意观察种谷外壳的变化。气温较低时，可先用石灰水浸种 2 天后，再用清水浸种，直至完成浸种要求止。

4. 催　芽

浸种完成后用清水将种子清洗干净，用发芽盘装好，装盘不宜太薄，5～8 cm 较为适宜，盖上纱布保湿，置于催芽箱或恒温恒湿培养箱中，温度设定为 30 ℃，湿度 90%，2～3 天即可出芽，当 50%以上种子达到根长一粒谷、芽长半粒谷时，完成催芽。

在实际生产中，也可采用温水快速催芽法、酿热温床催芽法、多起多落浸种催芽法、小地窖催芽法、温室蒸汽催芽法、麻袋催芽法等多种方法。

五、实验作业

（1）查阅相关资料，了解不同催芽方法及其注意事项。

（2）完成实验报告。

（3）针对自己的实验结果，总结水稻种子处理及催芽过程中的注意事项，并对自己的实验结果进行评价，找出不足，提出改进措施。

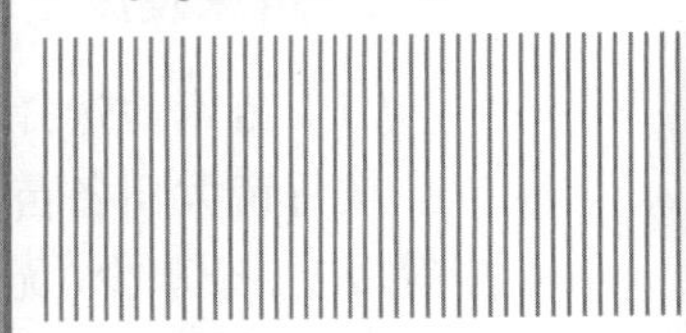

第二章 作物生长发育观察

实验一　水稻旱育秧技术

水稻旱育秧整个苗期不建立水层，当土壤缺水时通过浇水、机械喷灌或过水的办法补水，使床土基本处于干旱状态。

一、实验目的

（1）了解不同水稻育秧技术育苗技术。
（2）掌握并能应用水稻旱育秧及苗期管理技术。

二、材料及用具

水稻种、锄头、翻斗推车、水桶、筛土网、耙子、拱棚支架、薄膜、喷壶、敌克松、丁草胺等。

三、实验内容说明

旱育秧技术具有“三早”（早播、早发、早熟）、“三省”（省力、省水、省秧母田）、“两高”（高产、高效）和秧龄弹性大等特点。水稻旱育秧技术充分利用旱育秧起势快、分蘖早的优势，促进低位分蘖，使水稻的有效穗增加，形成大穗，增加产量。

水稻旱育秧主要有露地旱育秧、薄膜保温旱育秧、开闭式薄膜旱育秧等方法，具体采用何种方法，需要根据育苗早晚、育苗时当地的气温条件灵活选用，本实验以薄膜保温旱育秧为例，促使学生掌握旱育秧的关键技术及苗期管理方法。

四、实验方法与步骤

1. 播期的确立

育秧时期应与节令相适宜，同时考虑上下茬作物的接茬，适时育秧至秧苗移栽时，一般大秧移栽要保证秧龄 35 ~ 45 天，叶片 5 叶 1 心至 6 叶 1 心。

2. 苗床及床土准备

（1）苗床地选择。

按每亩大田备苗床 30 ~ 50 m^2，选择背风向阳、排灌方便，土壤肥沃、土质疏松、肥力中等以上，杂草少、无地下害虫、管理方便的地块，最好是菜园土或肥力较好的冬闲田作苗床。

（2）苗床整地与培肥。

播种前 5 ~ 7 天，于无雨天按每亩施腐熟农家肥 1 000 kg、尿素 15 kg（或复合肥 25 kg）、过磷酸钙 15 kg、氯化钾或硫酸钾 10 ~ 15 kg，施肥后翻耕整细、土肥混合均匀。播前 1 ~ 2 天，开好四边沟便于排水，整细整平苗床；然后进行开沟作厢，厢面宽 1.4 m 左右，走道 0.4 m。苗床根据地势和排水情况可做成高畦或低畦两种，一般来说地势高，排水条件好，干旱的地方采用低畦，反之采用高畦。南方地区多采用高畦，畦高 10 ~ 12 cm。

（3）覆盖土准备。

每平方米苗床准备 20 kg 左右细肥土，作为播种后覆盖种子需要，覆盖土不宜过细或过粗，过细后期浇水后易造成土壤表面板结，过粗孔隙度太大，覆盖效果不好。

（4）浇水消毒。

播前苗床浇透水，以厢面见水不积水且表土水分充分饱和为度，再用 1%敌克松水溶液均匀浇入苗床进行杀菌消毒。

（5）播种。

将催好芽的水稻种分厢称种，多次均匀撒播，每平方米用种量 80 ~ 90 g，播后用木板稍稍镇压，然后用准备好的覆盖土盖种，盖土厚度以厢面不露种为宜，0.6 ~ 1 cm。然后再用喷雾器喷湿覆盖土，并用除草剂防治杂草，每亩可用 36%的丁草胺乳油 100 ~ 120 mL 兑水 60 kg 喷雾。

（6）盖膜。

用竹片或玻璃纤维拱棚支架起拱盖膜，每隔 50 cm 左右插一根拱架，拱高离苗床 50 ~ 60 cm，拱架两边离苗床 10 ~ 15 cm，覆膜拉紧，四周脚边用细土盖严压实。

3. 苗床管理

（1）播种至出苗。

注意保温保湿，棚内温度控制在 30 ℃左右，一般不揭膜，若棚内温度超过 35 ℃，需及时揭开膜两头通风降温，以免灼伤秧苗；若床土发白发干，可适当补充水分；若播种后连续 5 ~ 6 天遇低温阴雨天气，应在中午打开膜两头换气几分钟，保证膜内空气清新。

（2）出苗至 1 叶 1 心。

膜内温度控制在 25 ℃左右，温度高于 25 ℃时，两头揭膜通风。

（3）1 叶 1 心至 2 叶 1 心。

此期间严格控制水分，非必要不浇水，以达到促根控苗防病的效果，一般情况秧苗不卷筒，土面不发白不浇水。膜内温度控制在 20 ℃左右，白天根据外界温度情况灵活掌握全揭膜或半揭膜，下午 4 点前盖好膜，阴雨天可在中午无雨时段两头揭膜换气一次，勿让雨水灌入苗床。膜内温度低于 12 ℃时，要盖严膜以防低温危害。

（4）2 叶 1 心至移栽。

2 叶 1 心后开始施肥，以清粪水为主，搭少量化肥（按每亩苗床施用 5 ~ 10 kg 尿素），以后每长 1 叶适量追施一次，至移栽前可追 3 ~ 4 次肥。做好炼苗，在 3 叶前如遇强寒潮要盖膜护苗，3 叶后逐步实行日揭夜盖，通风炼苗，4 叶后全揭。同时，做好苗床的病虫草害防治。移栽前要施好送嫁肥及送嫁药。

注意事项：

① 苗床地合理施肥，防止施肥过量或施肥不均造成肥害烂种；

② 加强苗床管理，防止高温烧苗；

③ 加强地下害虫防治，防止死秧；

④ 加强倒春寒时期保温措施，防止烂种烂秧。

五、实验作业

（1）完成实验报告。

（2）讨论水稻旱育秧苗期管理注意事项。

实验二　水稻壮秧的形态特征识别

水稻秧田期常占生育期的 1/4 ~ 1/3，约占营养生长期的 1/2，秧苗质量对水稻大田生长发育及产质量有重要影响，壮秧移栽后，秧苗返青快、分蘖早，有效分蘖多，穗大粒多，容易实现高产优质。

一、实验目的

（1）明确壮秧标准。

（2）掌握壮秧对水稻栽培后期生长发育及其对产质量的影响。

（3）掌握壮秧的形态特征及了解壮秧生理特性。

（4）能够识别水稻壮秧并应用于生产。

二、材料及用具

水稻秧苗、铲子、样品盒、游标卡尺、剪刀、刀片、显微镜、直尺、标签纸、记号笔、烘箱、天平等。

三、实验内容说明

1. 健壮秧苗的形态特征

壮秧俗称“扁蒲秧”，总体标准为“快、齐、匀、壮”，即要求秧苗成秧率高，生长整齐一致，个体间差异小，苗体坚实，生长势旺而不徒长；秧苗根系发达，短白根多；茎基粗扁，叶鞘较短，叶身挺立不弯，色青绿；无病虫害。壮秧移栽后返青快、分蘖快而多，有效分蘖多，利于高产。

（1）健壮小秧标准：3 叶期内移栽的为小秧，要求苗高 8 ~ 12 cm，叶色鲜绿，叶宽而挺立，茎基宽 2 mm 以上，中胚轴很少伸长，根 5 ~ 6 条，色白短粗并有分枝根，移栽适龄 1.5 ~ 2.2 叶，移栽时种子中应有少量胚乳残存。

（2）健壮中秧标准：3 ~ 4.5 叶内移栽的为中秧，要求苗高 10 ~ 15 cm，叶色鲜绿，叶宽厚挺立，不定根 10 条以上，色白而粗，稀播时有少量分蘖。

（3）健壮大秧标准：4.5 ~ 6.5 叶移栽的为大秧，要求苗高 15 ~ 20 cm，茎基宽在 4 mm 以上，叶片宽厚、刚劲富有弹性，叶色绿中带黄，根系色白粗壮，无黑根死根现象。

2. 健壮秧苗的生理特性

壮秧的光合能力强，利于干物质的生产和积累，叶鞘内糖类含量高，发根力强，根系吸水、吸肥力强。其主要表现在干重大，充实度高（干重/株高），C/N 适当，根冠比大，秧苗内束缚水含量高，抗逆性强。

四、实验方法与步骤

（1）田间采样。

（2）选择田间长势均匀的小秧、中秧、大秧等不同大小的秧田，每种秧田随机选取秧苗各 10 株，用铲子从秧苗侧面插入秧田铲出幼苗，注意勿伤根系，放入样品盒，贴上标签，做好记号，带回实验室。

（3）秧苗形态特征的观察。

带回的秧苗样品在实验室内轻轻将泥土冲洗干净，注意不要搓揉。秧苗洗净后，观察秧苗有无病虫害，根系颜色、根粗、根量，观察茎基形状，用游标卡尺测量茎基粗度，叶鞘长度，观察叶身挺立状态，叶色，用手轻轻将幼苗弯曲成圈，观察秧苗韧性等。填写完成如下健壮秧苗鉴定表。

① 苗高：从发根处至最长叶片叶尖的长度，单位 cm。

② 叶片数：绿色叶片数量，不包括未展开心叶，叶片变黄超过全叶面积一半以上的不算。

③ 茎基宽：秧苗基部最宽处的宽度，单位 mm。

④ 分蘖：分单株平均分蘖数和分蘖株百分率。

⑤ 总根数：胚根+不定根的数量，根长小于 0.5 cm 的不计，单位：条。

⑥ 地上部鲜重：秧苗地上部分未经烘干的重量。

⑦ 地上部干重：秧苗地上部分烘干至恒重后的重量。

⑧ 单位苗高干重：单株地上部分平均干重/平均苗高。

表 2-1　水稻健壮秧苗鉴定表

秧苗类型	秧苗编号	是否有病虫害	苗高	有无黑根死根	根的数量	茎基宽	叶片数量	叶身挺立状态	叶色	分蘖数	秧苗韧性	地上部干重	单位苗高干重	是否壮秧
小秧	1													
	2													
	3													
	⋮													
	10													
中秧	1													
	2													
	3													
	⋮													
	10													
大秧	1													
	2													
	3													
	⋮													
	10													

五、实验作业

（1）完成实验报告。

（2）讨论不同大小秧苗移栽后分蘖能力受到的影响。

实验三　玉米发芽进程的观察

一、实验目的

（1）了解玉米发芽的进程。
（2）了解玉米发芽过程相关生物学性状变化情况。
（3）熟悉相关生物学性状的测定方法。

二、材料及用具

玉米种子、游标卡尺、直尺、育苗盘（540 mm×280 mm，200 孔）、细砂、电子天平（0.01 g）、记录本。

三、实验内容说明

玉米整个发芽期历经吸胀吸水、种子露白、扎根期、见芽期、胚芽伸长期、顶土期、1 叶 1 心期、2 叶 1 心期等多个时期，不同的时期其外观形态特征及生物学特性均有不同的变化，本实验旨在通过对玉米发芽阶段外观形态特征的观察及相关生物学性状的测定充分了解玉米的发芽进程及其相关影响因素，确保在实际生产应用中提高育苗技术水平，保证育苗质量。

四、实验方法与步骤

1. 育苗前准备

（1）种子选用籽粒饱满，无病虫害、无损伤、同一批次质量相近生命力强的玉米种子。

（2）细砂准备，选用无任何化学药剂污染的细砂（0.05 ~ 0.8 mm），使用前进行洗涤、消毒、过筛。加水拌匀至适宜含水量，要求充分拌匀后，达到手捏成团，放手即散的程度即可，拌匀水分后的细砂再分放入育苗盘（不能将干砂先倒入育苗盘，再加水拌匀）。细砂厚度 2 ~ 4 cm。

（3）播种。

准备 200 粒种子，称取干重后下播育苗盘（200 孔）细砂中，每孔播种一粒，重复 3 次共 3 盘，播种完成后在种子上面覆盖 1 ~ 2 cm 厚的松散湿砂，便于保持种子表面水分及以防翘根。

播种完成后将育苗盘放入空地等待发芽。

2. 发芽期间条件的控制

（1）水分的控制。

发芽期间必须始终保持发芽床湿润状态，前两天不用洒水或少洒水，第三天以后根据砂床的干湿状态每天至少洒水一次，洒水要均匀，少量多次。若水分过多，通气状况差，根部易畸形，甚至可能造成烂种；水分过少、芽易畸形。幼苗出齐后砂床表面应保持干爽。

（2）温度控制。

发芽适宜温度 25 ~ 30 ℃，若是在光照发芽箱中发芽，温度可设定在 30 ℃。

（3）光照条件。

育苗盘放置在自然条件下光照较好的地方，能较好地抑制发芽过程中霉菌的生长繁殖，利于区分黄化和白化不正常的幼苗。

3. 外观形态特征观察及指标的测定

玉米播种后每天观察发芽情况，调查相关指标的变化情况，连续观察 15 天，记录胚根、胚芽、幼根、幼芽、叶片生长发育状况，如种子是否霉烂，根、芽是否变干受损，根、芽的颜色、数量、长度的变化，叶片数量及外观形态特征的变化，株高的变化，从种子到 2 叶 1 心幼苗整个根苗重量的变化等，计算超重期。可以使用相机或手机拍摄图片以供后续分析和研究。

发芽过程中每天随机选取 5 粒种子冲洗干净称重，已发芽的种子带芽称重；称重完成后观察根和芽的生长情况，量取根的长度、粗度，芽的长度、粗度；分别称取根的重量、芽的重量、除掉根和芽后种子的重量。

表 2-2　玉米种子发芽指标观察

重复号	播前种子平均重量/（g/粒）	播种后天数	种子是否露白	胚根状态	胚芽状态	根苗总重	根重	芽长	种子重（除根和芽后）	幼叶生长情况	叶片数量	备注
1		第 1 天										
2												
3												
1		第 2 天										
2												
3												
		⋮										
1		第 15 天										
2												
3												

五、实验作业

（1）完成实验报告。

（2）讨论种子发芽过程中温湿度的影响。

（3）讨论玉米种子发芽过程中重量的变化规律、超重期等。

实验四　水稻植株形态特征的观察及类型识别

一、实验目的

（1）识别水稻形态，掌握水稻形态特征。
（2）识别水稻类型，掌握水稻类型特点。

二、材料及用具

不同生育期水稻植株、钢卷尺、玻璃杯、放大镜、剪刀、镊子等。

三、实验内容说明

水稻为一年生水生草本植物，秆直立，是世界上最重要的粮食作物之一。水稻植株分为根、茎、叶、穗及种子等部分。通过对水稻形态特征的观察和研究，可以更好地了解水稻的生长发育规律，为水稻的栽培和育种提供科学依据。同时，对水稻形态特征的研究也有助于为水稻优质高产栽培提供理论依据，为粮食生产作出贡献。

四、实验方法与步骤

1. 观察水稻的形态特征

（1）株高。

水稻的株高是指水稻植株从地面到最高叶片的高度。株高是衡量水稻生长发育的重要指标之一。通常情况下，株高与水稻的品种、生长环境及生育期等因素有关。一般来说，水稻的株高在 50 cm 到 150 cm 之间，不同品种的水稻株高有所差异。

（2）根的观察。

水稻根系属于须根系，根据发生的先后和部位的不同，可分为种子根（胚根）和节根（不定根、冠根）两种。水稻根系分布在茎的基部，根的长度和数量也因品种和生长环境不同而有所变化。种子根和不定根上均可发生分枝——支根，直接着生在种子根或不定根上的支根叫作第一次支根，从第一次支根上又可产生第二次支根。栽培条件良好时，稻根可发生 4 ~ 5 次支根。水稻根的气腔（破生细胞间隙）与茎、叶的气腔相通，形成上下贯通的通气组织。三叶期时通气组织即形成。

① 根毛。

水稻根毛是根系中重要的一部分，以细节、密集、均匀为特征。在水稻生长的过程中，根毛会不断地脱落和生长，具有重要的营养吸收和水分利用功能，在水层中生长的水稻不长根毛或根毛极少。

② 种子根。

种子根一条，又叫胚根，由种子胚的下方发育出来，当水稻种子萌芽时，胚根首先从种皮中伸出。水稻种子的胚根是水稻幼苗生长的重要器官，在幼苗生长过程中提供大量所需的能量和营养物质，促进水稻幼苗的正常生长发育。

③ 不定根。

不定根又叫冠根，在种子发芽后从茎基部各节由下而上依次发生，在每个未伸长节间的茎节上都会长出若干条不定根，在不定根上还可发生分支形成支根。不定根在苗期对扎根立苗极为重要，且是后期秧苗吸收养分、水分的主要器官。不定根相对于种子根来说生长速度更快、更伸长，形态上也更加多样化。

④ 根色。

⑤ 根量。

（3）茎的观察。

① 观察茎的组成。

② 观察茎的特征。

③ 观察分蘖的特征。

（4）叶的观察。

① 叶片数量。

② 叶色。

③ 叶相。

④ 叶长。

⑤ 叶片着生位置及着生方式。

⑥ 主茎叶数与茎节数的关系。

⑦ 叶的组成及特征。

（5）穗的观察。

① 穗及小穗。

② 穗长。

③ 穗颈节。

④ 穗轴。

⑤ 穗节。

⑥ 小穗。

⑦ 副护颖、护颖、花梗、颖花（内外颖和花）。

（6）识别水稻的种子。

谷粒内有糙米 1 粒，颖果，着生胚的一面为腹部，对面为背部，背部有一条纵沟，称为背沟；腹部常有腹白，米粒中心多有心白，米的色泽有白、红、褐、黑、紫色等。

2. 水稻类型的识别

栽培稻可分为两个亚种，籼亚种和粳亚种，在形态特征上，两个亚种的主要区别如表 2-3 所示。

表 2-3　籼稻与粳稻形态特征比较

形态特征	籼稻	粳稻
叶形	较宽	较窄
叶色	淡绿	深绿
顶叶角度	小	大
叶毛	一般较多	少或无毛
稃毛	短而稀，散生在稃面	长而密，集中在稃棱上
芒	多无芒，有芒则多为短芒或直芒	从短芒到长芒，略弯曲
籽粒形状	细而长，稍扁平，无光泽	短而宽，较厚，颜色多透明状
脱粒性	易脱粒	难脱粒
谷粒苯酚反应	能被染色且颜色深	不被染色或染色浅

针对所观察的水稻植株形态特征，综合判断该种水稻的类型。

五、实验作业

（1）描述水稻不同生育期各器官的特征。

（2）讨论水稻生育期形态特征的主要影响因素。

实验五　禾本科作物叶蘖关系的考察

一、实验目的

（1）了解分蘖在禾本科作物栽培中的重要性。
（2）掌握叶蘖观察的方法，学会分析叶蘖、根蘖关系的方法。
（3）了解水稻、小麦分蘖特性及分蘖有效性。

二、材料及用具

材料：籼稻、粳稻主茎带 8 叶以上植株各 10 株，小麦拔节期植株 10 株。
用具：放大镜、镊子、解剖刀、解剖镜、铅笔、记载本等。

三、实验内容说明

水稻、小麦等禾本科作物在地面以下或接近地面处茎基部一定的节（分蘖节）上产生腋芽和不定根，由腋芽形成的枝条叫分蘖，分蘖上又可产生新的分蘖。分蘖能力的强弱，分蘖的早晚，对于最终产量有着非常重要的影响。

分蘖通常自下而上发生，主茎上发生的分蘖称为一次分蘖，一次分蘖上再发生的分蘖称为二次分蘖，依次类推，一般可发生 3～4 次分蘖。

同一茎上的同次分蘖，依据所在节位的高低，从下至上依次称为第一位分蘖，第二位分蘖，第三次分蘖……最低分蘖节位为最低分蘖位，最高分蘖节位为最高分蘖位。

大田记载分蘖期是以全田开始分蘖的植株达 10%以上时为分蘖始期，群体分蘖达 50%时为分蘖期，总茎数达到最终有效分蘖数时为分蘖终止期。

分蘖的出现往往与母茎出叶、根系发展存在一定的相关性。

四、实验方法与步骤

1. 分蘖特性的观察

取带分蘖的水稻、小麦植株，辨明主茎及分蘖茎，判断分蘖次数、分蘖位等。用刀片将茎基部纵向剖开仔细观察。

2. 调查叶蘖发生的关系

取不同水稻、小麦植株 5～10 株，取具有不同叶数的分蘖茎，分别记录其完全叶片数，分蘖所在茎秆分蘖节位以上叶片数，推算分蘖上的出叶与所在母茎上出叶之间的关系；将各分蘖从主茎上取下，计数分蘖叶片及发根情况，推算分蘖根的发生与其出叶的关系。

3. 记载分蘖位、次，叶片及根系发生情况

用 0 表示主茎，用Ⅰ、Ⅱ、Ⅲ…表示主茎分蘖位，用 1、2、3…表示分蘖次数，如主茎第 3 分蘖位上的 2 次分蘖表示为 0/Ⅲ-2。记载各分蘖位次，主茎及分蘖茎上的叶片数、根数等。

五、观察结果记载

表 2-4　禾本科作物叶蘖根同伸关系

分蘖位次	分蘖叶数	分蘖着生节位以上母茎的叶片数	分蘖根系发生情况		
			叶位	根数	根长

六、实验作业

（1）根据观察，完成表中水稻、小麦的叶蘖根的同伸关系。

（2）根据观察结果，绘制水稻的叶蘖同伸关系模式图，并标明分蘖的位次。

实验六　作物叶片生长指标的测定

一、实验目的

（1）了解作物生长分析中叶片相关指标的概念。
（2）掌握叶片相关指标的测定与计算方法。
（3）掌握相关仪器的使用方法。

二、材料及用具

材料：玉米植株。
用具：钢卷尺、电子天平、剪刀、坐标纸、铅笔、牛皮纸袋、干燥箱、真空干燥器、LI-3100 便携式叶面积仪。

三、实验内容说明

实验以玉米为代表。

1. 叶面积指数（LAI）

叶面积指数是指作物群体总绿叶面积与该群体所占土地面积的比值，即单位土地面积上的绿叶面积。计算公式为

叶面积指数=总绿叶面积/土地面积

作物大田生产通常是依靠土地面积上的作物群体来实现的。所以计算叶面积指数时要以单位土地面积上的群体叶面积为准而不能以单株叶面积为准。叶面积测量常用方法有叶形纸称重法、长宽系数法、回归方程法、叶面积仪测定法等。

2. 叶面积比率（LAR）

叶面积比率指叶面积与植株干重之比，即作物单位干重的叶面积。

3. 比叶面积（SLA）

比叶面积即为叶面积与相应的叶重之比，用来表示叶片厚度，比叶面积越小，叶片越厚。

四、实验方法与步骤

1. 观测点的选择及土地面积测量

在实验地块内选择 3 处玉米地观测点进行 3 次重复，测量每个观测点的土地面积（长 × 宽，单位 m）。

2. 取　样

每小组在选好的 3 处观测点内的每个观测点随机挖取玉米植株 5 株（不需根系），做好标识，带回实验室。

3. 单叶面积测量

采用长宽系数法测定单株叶面积。

（1）将各观测点 5 株玉米叶片摘下，同一观测点的 5 株玉米叶片放在一起，从摘下的玉米叶片中选取 20 片有代表性的叶片，用钢卷尺量出叶片的长和宽，叶长为从叶基到叶尖的长度，叶宽为叶片最宽处的宽度。

（2）利用叶形纸称重法计算叶面积矫正系数 K。把叶片放在坐标纸上铺平，用铅笔在坐标纸上沿着叶片边缘描绘出叶片形状，按坐标纸上描绘的叶形长宽剪下一长方形，称量长方形坐标纸重量，再将长方形中叶片形状剪下（叶形纸）称重。计算矫正系数 K。计算公式为

$$K=\text{叶形纸重量}/\text{长方形重量}$$

（3）单叶面积的计算：

$$\text{单叶面积}=\text{叶长}\times\text{叶宽}\times K$$

4. 样品杀青、烘干

测量单叶面积后，将整个植株叶片和其他器官分开，分别剪成碎片，放入纸袋中，标上记号，把纸袋放入干燥箱中，设定温度 105～110 ℃，杀青 1 小时后把温度调到 75～80 ℃进行烘干。连续烘干样品，一般苗期烘 1～3 d，穗期以后，烘干时间加长。样品烘干到一定程度时，可取出试称。用电子天平称量两次结果相同时，就可称量重量。在称量时，要从干燥箱中取一袋样品，称量一袋，不能把样品全部取出暴露在空气中。因为样品不含水分，一旦暴露在空气中，样品吸收空气中的水分，其重量就会迅速增加。

5. 计　算

（1）叶面积指数（LAI）的计算：

$$\text{叶面积指数}=\text{平均单株叶面积}\times\text{单位土地面积上株数}/\text{单位土地面积}$$

$$\text{平均单株叶面积}=\text{平均单叶面积}\times\text{单株叶片数}$$

（2）叶面积比率（LAR）的计算：

$$\text{LAR}=\frac{L}{W}=\frac{\ln W_2-\ln W_1}{W_2-W_1}\cdot\frac{L_2-L_1}{\ln L_2-\ln L_1}$$

式中：L 为叶面积；W 为植株干重。

（3）比叶面积（SLA）的计算：

$$\text{SLA}=\frac{L}{W_L}$$

式中：L 为叶面积；W_L 为相应的叶干重。

五、观察结果记载

表 2-5 玉米叶片生长指标的测定结果

重复次数	观测指标			备注
	叶面积指数（LAI）	叶面积比率（LAR）	比叶面积（SLA）	
1				
2				
3				

六、实验作业

（1）完成表 2-5。

（2）讨论各项指标在实际生产和研究中的重要意义。

实验七 作物生长分析

一、实验目的

（1）了解作物生长分析中的相关指标。
（2）掌握作物生长分析相关指标的测定与计算方法。
（3）了解作物生长相关指标的关系。
（4）掌握相关仪器设备的使用方法及注意事项。

二、材料及用具

玉米生育期相关数据资料、铅笔、计算器、草稿纸。

三、实验内容说明

实验以玉米为代表，利用一段时间内玉米群体叶面积的变化量及干物质的增长量计算玉米生长分析的相关指标。

1. 光合势（LAD）

光合势指玉米生育期一段时间内（可以是某一生育期或整个生育期）单位面积上玉米群体光合面积的日积累，单位为 $m^2 \cdot d/hm^2$ 或 $m^2 \cdot d$/亩。

2. 净同化率（NAR）

净同化率是指单位叶面积在单位时间内的干物质积累量，表征了群体条件下叶片进行光合作用合成干物质的效率，净同化率越大，表明叶片光合生产能力越强，积累的干物质越多，在生产中越有利于产量的提高。

3. 作物生长率（CGR）

作物生长率是指单位土地面积上的作物群体干物质的增长速度，即单位土地面积上单位时间内作物的干物质增加量。

4. 相对生长率

按照作物生长与时间呈指数函数关系的规律，植物在生长过程中，植株越大（越重），且生产效能越高，则所形成的干物质也越多。生产的干物质用于形成植株体，从而为下一步的生长奠定更大的生长基础，这种生长过程称之为植物生长的复利法则。

相对生长率是作物群体生长率与时间段范围内起始时期作物干物重的比值，表征了该时间段范围内作物干物重的相对增长速度。

四、实验方法与步骤

1. 光合势的计算

计算某一时期内的光合势的方法，一般是以这一时期内单位土地面积上的日平均叶面积乘以这一时期延续的天数，时间段越短，光合势测定结果越准确。在群体生长正常的条件下，群体干物质积累数量与光合势呈正相关。

假设在 $t_1 \sim t_2$ 时间内，平均有 $1/2(L_1+L_2)$ 的叶面积进行光合生产，这一期间的阶段光合势为

$$\mathrm{LAD}=(L_2+L_1)(t_2-t_1)/2$$

全生育期总光合势为

$$\mathrm{LAD}=\sum \mathrm{LAD}_i$$

式中 i 值越大，计算结果越准确，L_1、L_2 分别是 t_1、t_2 时的叶面积。

2. 净同化率（NAR）的计算

净同化率的计算公式为

$$\mathrm{NAR}=\frac{W_2-W_1}{1/2(L_1+L_2)\cdot(t_2-t_1)}$$

或

$$\mathrm{NAR}=\frac{1}{L}\cdot\frac{\mathrm{d}w}{\mathrm{d}t}=\frac{\mathrm{d}\ln w}{\mathrm{d}l}\cdot\frac{\mathrm{d}w}{\mathrm{d}t}=\frac{\Delta\ln w}{\Delta t}\cdot\frac{\Delta w}{\Delta L}=\frac{\ln L_2-\ln L_1}{L_2-L_1}\cdot\frac{W_2-W_1}{t_2-t_1}$$

式中：L_1、L_2 分别是 t_1、t_2 时的叶面积，W_1、W_2 分别为 t_1、t_2 时的干物质量。净同化率单位是 g/m^2 · d。净同化率因作物、品种及栽培条件而变，通常变化在 3 ~ 4 g/m^2 · d 至 10 ~ 12 g/m^2 · d 范围内。

3. 作物生长率（CGR）的计算

作物生长率（CGR）的计算公式为

$$\mathrm{CGR}=\frac{(W_2-W_1)}{A(t_2-t_1)}$$

或

$$\mathrm{CGR}=\frac{1}{A}\cdot\frac{\mathrm{d}w}{\mathrm{d}t}=(\frac{1}{L}\cdot\frac{\mathrm{d}w}{\mathrm{d}t})\cdot\frac{L}{A}=NAR\cdot LAI$$

式中：W_1、W_2 分别是 t_1、t_2 时测得的干物重；A 为土地面积。作物生长率（CGR）的单位是 g/m^2 · 天。

作物群体干物质增长速度与净同化率及叶面积指数成比例。但由于两者中 NAR 变动范围较小，所以 LAI 对群体干物质增长的作用较大，这对于指导实际生产具有非常重要的意义。

4. 相对生长率

相对生长率（RGR）用下式计算：

$$\overline{R}=\frac{1}{w}\cdot\frac{\mathrm{d}w}{\mathrm{d}t}=\frac{\mathrm{d}\ln w}{\mathrm{d}t}=\frac{\Delta\ln \mathrm{w}}{\Delta t}=\frac{\ln w_2-\ln w_1}{t_2-t_1}$$

式中：W_1、W_2分别是t_1、t_2时测得的干物重。$\overline{R}$一般以 g/g · d 或 g/g · 周为单位。

五、观察结果记载

表 2-6　玉米叶面积与干物质资料（干物质单位为 g；面积为 667 m²；时间为月/日）

处理	叶面积指数 LAI			干物质 W		
	7/10	7/20	7/30	7/10	7/20	7/30
普通地膜	11.34	148.74	929.13	380.19	6 156.41	58 996.15
反光膜	10.67	120.73	1 011.17	446.89	5 422.71	75 464.38
不覆膜	10.67	95.38	589.63	386.86	4 248.79	45 536.09

请根据以上资料计算不同处理方式下 7 月 10 日—7 月 30 日玉米的光合势，净同化率、群体生长率，相对生长率。

六、实验作业

（1）讨论光合势，净同化率、群体生长率，相对生长率的关系。
（2）比较以上玉米不同栽培方式光合势，净同化率、群体生长率，相对生长率差异。
（3）思考实际生产中应如何提高作物产量。

实验八　作物群体消光系数的测定

一、实验目的

（1）理解作物群体消光系数的概念。
（2）认识作物群体消光系数在实际生产和研究中的意义。
（3）掌握作物群体消光系数的测定方法。

二、材料及用具

材料：选取具有代表性的作物群体，如小麦、玉米等。

用具：叶面积仪、皮尺（50 m）、照度计（单点式，如 ST-80 型、棒式，如 LI-188B 量子辐射光度计）、钢卷尺等。

三、实验内容说明

本实验旨在测定作物群体的消光系数，分析其对作物生长和产量的影响。通过准确测定消光系数，可以为作物种植布局优化、光能利用效率提升和产量增加提供科学依据。这对于实现农业可持续发展、提高作物生产效益具有重要意义。

采用田间实验法，在作物群体内不同高度设置光照强度测定点，测量不同高度的光照强度值，并计算消光系数。

四、实验方法与步骤

1. 实验地点与时间的选择

实验地点：选择具有代表性的农田地块，确保地块地势平坦、光照充足、土壤肥力均匀。

实验时间：在作物生长旺盛期进行，一般为作物生长的中后期，以确保消光系数的准确性和代表性。

2. 叶面积指数的测定。

（1）选择观测点。

根据地块大小和地势等，按对角线五点式定点法或三点式定点法确定 3～5 处有代表性的观测点。用皮尺量取观测点的面积，大宗作物如玉米、高粱、烤烟等，每个观测点 20～30 m^2，麦、稻等矮秆密植作物，每个观测点面积 5 m^2 左右。

（2）各观测点植株计数及单株土地面积计算。

确定测点后，分别查出每观测点内的实有株数，计算平均单株占地面积。

平均单株占地面积（m^2/株）=所有观测点的总面积/所有观测点的株数。

（3）单株叶面积的测定。

各测点内再选有代表性的植株若干测定单株叶面积，如玉米、高粱可选 5 株左右，水稻、小麦等可选 5 ~ 10 株。

植株选定后，采用长宽系数法、叶面积仪法称重法等方法测定所有选定植株的总叶面积，求出平均单株叶面积。

平均单株叶面积（m^2/株）=选定植株的总叶面积（m^2）/选定的植株数

（4）叶面积指数的计算。

叶面积指数=平均单株叶面积（m^2/株）/平均单株占地面积（m^2/株）

3. 群体消光系数的测定。

（1）I_0和 I_F 值的测定。

用照度计测定群体冠层顶部的自然光强 I_0。

在选定的群体内，测定群体内光照强度，用单点式照度计测定时，需在同一高度进行多点（10 ~ 20 个点）测定取平均值；用棒式照度计时，因其探头部分很长（1 m），一次测定值就是测点处光照状况的平均值，所以取 3 ~ 5 次测定的平均值即可。

（2）利用公式计算群体消光系数。

群体消光系数的计算公式为

$$K=2.3(\lg I_0-\lg I_F)F^{-1}$$

式中，I_0为冠层顶部的自然光强，I_F为群体内的光强，F 为叶面积指数。群体内的光照强度可以是地面处的光照强度，也可以是群体内任意高度处的光照强度，与此对应的叶面积指数，前者应是群体内从冠层顶部到地面的所有叶片面积及对应土地面积计算出的叶面积指数，后者应是群体内选定高度以上所有叶面积总数及对应土地面积计算出的叶面积指数。

4. 群体消光曲线的绘制

用 I_F/I_0（相对照度）的对数与 F（叶面积指数）绘制消光曲线。

五、消光系数的应用

查阅测定作物的光补偿点光强 I_F 值，根据当地气象资料确定平均自然光强 I_0（假定为 80 000 lx），再由所求出的 K 值，计算该作物在当地种植的最适叶面积指数。

六、实验作业

（1）计算以上最适叶面积，分析群体下层对光照强度的要求。

（2）根据实验数据，分析作物群体消光系数的变化规律，讨论其对作物生长和产量的影响。

（3）探讨不同品种、不同种植密度和不同光照条件下消光系数的差异，为优化作物种植布局和提高光能利用效率提供依据。

（4）根据所测作物的光补偿点和所测地点平均自然光强，讨论给出作物在该地种植不同生育时期的最适叶面积指数变化情况及栽培管理中应采取的技术措施。

实验九　作物群体结构的测定

一、实验目的

（1）了解作物群体的基本概念及群体结构对作物生产的影响。
（2）掌握作物群体结构的测定方法。

二、材料及用具

材料：选取具有代表性的作物群体，如水稻、小麦、玉米等。

用具：钢卷尺、皮尺（50 m）、刻度标杆，照度计（如 L1-188B 量子辐射照度计）、叶面积仪、剪刀、塑料袋（或牛皮纸袋）、天平、烘箱、细绳等。

三、实验内容说明

作物群体结构是指作物生物量（根、茎、叶、植株、品种等）的空间分布，了解作物群体的结构可以帮助农业生产者和研究者更好地了解作物生长的规律和提出调控作物产量的策略。通过调整作物群体结构，如密度、间距、行列布局等，可以优化利用光能和资源，提高作物的产量和品质。

通过对大田作物群体分层测定光照强度，分层切割取样，测定各层叶面积及各层各器官干重，分析作物群体各层的空间分布。

四、实验方法与步骤

（1）观测点的准备。在大田内随机选择 3 处观测点，观测点的大小因作物而不同，高秆作物如玉米、烤烟等以 2 m^2 为宜，矮秆密植作物如稻、麦、大豆等以 1 m^2 为宜。选好观测点后，用皮尺量取正方形或长方形，在四角插立刻度标杆，使贴近地面的高度一致。从茎基部起，每 10 cm（或 15 cm）为一高度层，用细绳在标杆上对角拉一水平面，注意不要损伤植株和群体的自然分布状态，将群体分为若干水平层。

（2）各层光照强度的测定。从冠层顶部往下，一层一层地利用照度计测定光照强度，每层的光照强度随机测定 3 处取平均值，冠层顶部光照强度以 I_0 表示，群体内各层的光强以 I_F 表示，计算每层相对光照强度 $I_0 / I_F \times 100\%$以表示光分布。

（3）分层割取。按照之前的拉绳分层情况，从最上层开始割取，分别装袋带回实验室后，将每层的叶片、茎秆、穗等分别剪开，一般叶鞘和茎秆合计，特别注意叶片单独分开，便于计算每层的叶面积指数、叶重等。

（4）将每层分别剪开的叶片、茎秆、穗等分别称量鲜重，测量每层叶片的总面积，可计算出每层的叶面积指数和总的叶面积指数。最后将每层的叶片、茎秆、穗分别装入纸袋中进行烘干至恒重并称重，注意不同层之间材料不要混装。

（5）用所测干重、叶面积指数、相对照度等按各层高度绘制群体结构图，参照图 2-1。

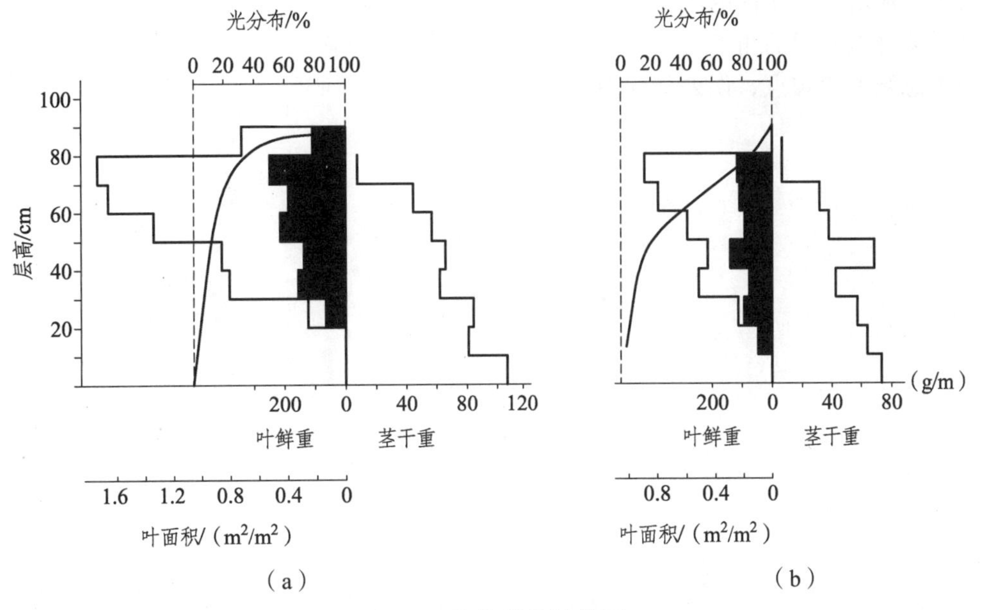

图 2-1　作物群体结构图

五、观察结果记载

将各层测量值整理成表格，如表 2-7 所示，利用 Excel 绘制成群体结构图。

表 2-7　作物群体结构测量指标值

层数	高度/m	叶面积/m^2	叶鲜重/g	叶干重/g	茎鲜重/g	茎干重/g	光分布/%	LAI/（m^2/m^2）
1	100							
2	90							
3	80							
4	70							
5	60							
6	50							
7	40							
8	30							
9	20							
10	10							

六、实验作业

（1）完成群体结构图的绘制并进行分析。

（2）从光能利用的角度分析：高产群体结构应该是怎样的？

（3）总结实验难点，误差如何控制？

实验十　田间烟叶的成熟特征识别及采收

一、实验目的

（1）明确烟叶成熟采收的重要性。
（2）掌握田间烟叶成熟的标准。
（3）掌握田间烟叶成熟采收方法。

二、材料及用具

材料：田间生长成熟的烟叶。
用具：钢卷尺、量角器、记录本等。

三、实验内容说明

烟叶质量与鲜烟叶成熟度密切相关。鲜烟叶的成熟程度决定着烘烤工作的难易和烤后质量的好坏，在品种、部位和栽培条件相同的情况下，随着田间烟叶成熟度的增加，烘烤中叶片失水和变黄速度逐渐加快。烟叶偏生，失水和变黄较慢；烟叶过熟，失水变黄又较快。烟叶成熟度不够或过熟都将给烘烤工作带来困难，常出现不同程度的青片、褐片和杂色烟，给烟叶的价值造成不应有的损失。只有适熟的烟叶，耐熟又耐烤，在烘烤中失水和变黄均正常，才能显示出烟叶应有的质量，成为分级成熟度好的烟叶。农谚说“七分采，三分烤”，又说“好烤手，不如好采手”，充分说明了烟叶成熟采收的重要性，它是获得优质烟叶的基础。

通过实验提高对烟叶成熟度重要性的认识，充分了解烟叶成熟时的基本特征和不同种植条件下的不同外观表现，在各种条件下都能掌握恰到好处地适熟采收。

（1）烟叶成熟的外观特征。
（2）成熟度的灵活掌握。
① 烟叶部位；
② 栽培条件；
③ 品种；
④ 采收的时间；
⑤ 采收的方法。
（3）实际采收一次烟叶。

四、实验方法与步骤

1. 烟叶成熟的外观特征

烟叶成熟时，由于内部物质的变化，外部形态特征也发生相应的改变，在实际生产中可以根据这些特征来判断烟叶是否成熟了。这些特征包括：

（1）叶色。

叶色由绿变黄绿，叶尖部和靠近叶尖的叶缘黄绿色明显，较厚的叶片表面常有浅黄色斑块，叶耳淡黄。

（2）叶脉。

主脉变白发亮，支脉退青变白。基部变脆，采收时有清脆声，断面整齐。

（3）叶面。

叶面平或皱褶，茸毛脱落，光泽增强，烟油增多，手摸有黏手感。

（4）茎叶角度。

叶尖下卷，叶片下垂，茎叶角度增大。在烟叶成熟的过程中，用茎叶夹角的大小能定量地反映烟叶的成熟程度。如品种 K326 下部叶片，当烟叶的颜色由绿转黄，茎叶夹角达 60°～70°，表明烟叶已经成熟，此时采收可获得最佳产量和质量；而对 K326 中、上部叶片，当烟叶的外观颜色达到一定程度，茎叶夹角达 80°～90°时，可视为适熟的标志，此时采收的烟叶易于烘烤，烤后烟叶物理性状适宜，综合化学成分较协调。

2. 成熟度的灵活掌握

烟叶成熟度是一个比较复杂的问题，不同栽培条件，不同品种，不同着生部位，烟叶成熟的外观特征有较大差异，采收时应根据不同情况灵活掌握，没有一个固定标准。

（1）烟叶部位。

脚叶在生长前期处于光照、通风较好的条件下，干物质积累较多，叶片较厚，但在生长后期由于受其上部叶片的遮蔽和养分外运（顶端优势），容易提早落黄，当叶面青色略退，即为成熟。

下二棚叶生长条件较差，并受顶端优势的影响，叶片较薄，水分大，成熟快，适熟期短，叶色由绿变为黄绿、主脉变白、茸毛稍退、略见成熟特征即为成熟。

实践证明适当提早采收下部烟叶不仅能保证烟叶质量，而且有利于田间通风透光，减轻病害，提高中上部烟叶的质量。

中部叶生长条件较好，叶片厚薄及水分适中，应严格把握成熟度标准，当叶色浅黄或有黄色斑块、主脉全白、支脉 1/3～1/2 变白、叶耳微黄、叶尖叶缘下垂、具备明显成熟特征，即适熟时才成熟。

上部烟叶叶片厚成熟慢，成熟期长，应到叶面呈浅黄至淡黄色、有黄至黄白色斑块、主脉全白发亮、支脉 2/3 变白、叶耳浅黄、充分显现成熟特征时为成熟。

总之，下部叶要见熟就收，中部叶要适熟采收，上部叶要充分成熟采收。

（2）栽培条件。

土质黏重，土壤肥沃，施肥较多，栽植过稀和留叶少的烟株，叶片颜色偏深，叶大片厚，在适熟至充分成熟时采收；土质轻，地力差，施肥少，留叶多的烟株，叶片薄，只要显现成熟特征就应及时采收。对后发晚熟烟叶在尽可能使其显现成熟特征的同时，还应考虑其叶龄长短和季节早晚，凡叶龄已达到或略多于其同类营养水平的正常叶的叶龄，就应考虑采收，力争在当地日平均温度下降到 20 ℃以前将烟叶收完。

正常情况下，一般下部叶成熟时的叶龄 60 天左右，中部叶 70 天左右，上部叶 80 天左右。有病的烟叶，不论是否成熟都要提早采收，以减轻病害的危害和防止病害的传播。旱天烟叶采收成熟度宜高，雨天宜低，正常年分采适熟叶。遇短时阵雨，要雨后抢收。返青烟待重新呈现成熟特征时采收。

（3）品种。

K326、云烟 85、云烟 87 等品种，叶色较浅，成熟较快，在成熟至充分成熟时采收。NC82 和 NC89 两个品种，叶色深、成熟期较长，要充分显现成熟特征时采收。红花大金元品种在适熟又不过熟时采收。多叶型品种在叶色转黄、主脉略白、一进入成熟就采收。

3. 采收的时间

一般在早上露水干后采收，此时叶片成熟度较易辨别且利于当天编烟装炉。如天气久旱，烟叶水分少，宜采露水烟，涝天宜在傍晚采收。生长整齐成熟一致的烟田，每次每株采 2 ~ 3 片，下部叶 5 天左右采收一次，中上部叶 6 ~ 8 天采收一次，当采到顶部 4 ~ 6 片叶时，暂停采收，直等到顶上一片叶达到成熟标准后一次采完。

4. 采收的方法

采收时食指和中指托着叶柄基部，拇指放在叶柄上，捏紧后向侧下方用力一掰，便可摘下叶片。采收时应做到不采生、不丢熟、不沾土、不曝晒、不挤压、不损伤，确保所采鲜烟叶质量完好。

5. 实际采收

根据以上烟叶成熟度的判别方法，按照以下顺序观察，采收 10 株成熟烟叶。

观察烟叶颜色（由绿色变为绿黄色、浅黄色、淡黄色）——观察叶脉变化（主、支脉是否变白，变白程度）——茸毛是否脱落——叶尖和叶缘是否下垂——茎叶角度是否增大——叶片上有无成熟斑（淀粉斑）。

五、观察结果记载

根据所观察的烟叶颜色特征填写完成表 2-8。

表 2-8　不同部位烟叶成熟特征记录表

特征	部位			备注
	下部叶	中部叶	上部叶	
颜色				
厚度				
叶脉变化（主支脉）				
茸毛脱落				
叶尖叶缘				
茎叶角度				
成熟斑				

六、实验作业

（1）思考影响烟叶成熟的主要因素。

（2）探讨烟叶成熟度对烟叶产量和品质的影响。

（3）完成实验报告。

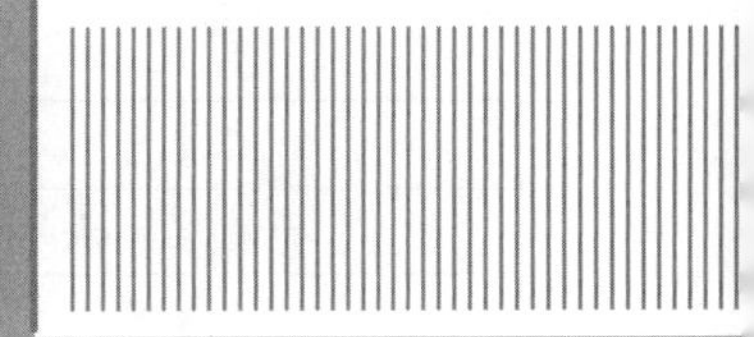

第三章 作物栽培肥料运筹管理

实验一　作物养分利用率的测定

一、实验目的

（1）了解作物施肥的基本原则。
（2）了解常用的肥料种类、掌握常见的施肥方法及时期。
（3）掌握施肥量的计算方法。

二、材料及用具

材料：玉米种子、复合肥（N∶P_2O_5∶K_2O=15∶15∶15）、尿素、硫酸钾。

试剂药品：硫酸、硝酸、双氧水、磷酸、钼酸铵、偏钒酸铵、氢氧化钠、磷酸二氢钾、2,4-二硝基酚指示剂、酚酞指示剂、硼酸、硫酸铜、硫酸钾等。

用具：烘箱、电子天平、万能粉碎机、消煮瓶、消煮炉、凯氏烧瓶及凯氏蒸馏装置、凯氏定氮仪、分光光度计、火焰光度计等。

三、实验内容说明

作物对土壤营养元素的吸收总是根据自身的需要，选择吸收土壤溶液中的养分。作物对养分的利用率是衡量肥料使用效率的重要指标，通过玉米大田实验，对氮磷钾三大肥力元素的利用率进行测定计算，为科学平衡施肥提供依据。

四、实验方法与步骤

1. 大田实验

实验设两个处理，处理 1（ck）：不施用肥料，处理 2：施用肥料。每个处理重复 3 次，每个小区面积 20 m^2，玉米栽培株行距 30 cm × 60 cm。

施用肥料处理按照玉米高产栽培模式进行肥料运筹，施纯氮以 15 kg/亩为准，N∶P_2O_5∶

K_2O 施用比为 3∶1∶2，根据氮磷钾的比例，计算复合肥（N∶P_2O_5∶K_2O=15∶15∶15）、尿素、硫酸钾的用量，具体如表 3-1：

表 3-1　不同处理玉米施肥量

处理	复合肥用量	尿素用量	硫酸钾用量
不施肥（ck）	0	0	0
施肥	33 kg	21.5 kg	20 kg

各处理 50% 氮肥及全部磷钾肥做基肥一次性施入，其余 50% 氮肥分别在大喇叭口期及抽穗期作为追肥施用。

2. 测定方法

玉米成熟后，采集每处理植株地上部分。籽粒晒干后于烘箱中 75 ℃烘干至恒重称重，其余各器官（茎秆、叶片、包叶、雄穗等）全部剪碎后于烘箱中 105 ℃杀青，75 ℃烘干至恒重，称量。

将籽粒、其余全部器官（茎秆、叶片、包叶、雄穗等）分别用万能粉碎机粉碎成粉，分别混合均匀，采用硫酸、双氧水消煮后测定氮磷钾元素的含量。

全氮含量采用半微量凯氏定氮法测定；全磷采用钒钼黄比色法测定；全钾采用火焰光度法测定。

3. 计算养分吸收量和养分利用率

养分吸收量=籽粒产量×测得籽粒养分含量+其余器官重量×测得器官养分含量

养分利用率=（施肥处理植株养分吸收量－不施肥处理植株养分吸收量）÷施肥量×100%

五、计算结果

表 3-2　作物养分利用率

重复次数	养分			备注
	N	P_2O_5	K_2O	
1				
2				
3				
平均值				

六、实验作业

（1）计算各养分的利用率，与相关资料的养分利用率作对比。

（2）思考：提高土地养分利用率的途径有哪些？

实验二　作物施肥技术及施肥量的计算

一、实验目的

（1）了解作物施肥的基本原则。
（2）了解常用的肥料种类、掌握常见的施肥方法及时期。
（3）掌握施肥量的计算方法。

二、材料及用具

化肥、有机肥、微生物肥各 1～2 种，草稿纸，计算器，数据资料。

三、实验内容说明

各种作物吸收养分的具体数量不同，但总的趋势：生长初期吸收量较少、强度小，而在生长发育旺盛时期，吸收数量、强度明显增加，接近成熟时吸收逐渐减缓。作物生长期间若缺少相应的营养元素，作物生长发育就会受到明显的影响。土壤本身能够提供的营养元素毕竟有限，人为补充施用营养元素是保证作物优质高产的必要措施。科学施用营养元素，需要对肥料的种类、施用方法、施用时间、施用量计算等充分了解并熟练掌握。

四、实验方法与步骤

1. 掌握施肥的基本原则

施肥时应综合考虑作物的营养特性、生长状况、土壤性质、气候条件、肥料性质，经济科学施肥应遵循用养结合的原则、需要的原则和经济的原则。

2. 查阅资料，熟悉了解肥料种类

（1）有机肥料。

有机肥料是天然有机质经微生物分解或发酵而成的一类肥料，是一类既能为农作物提供多种无机养分和有机养分，又能培肥改良土壤的肥料。有机肥绝大部分由农家就地取材自行积造的，具有种类多、来源广的特点，包括绿肥、人粪尿、厩肥、堆肥、沤肥、饼肥、沼气肥、废弃物肥料，此外还有泥肥、熏土、坑土、糟渣等。

有机肥相较化肥具有对环境影响小、肥效持久等优势，是保障国内亿万人粮食供给的重要肥料之一。有机肥养分丰富，所含营养元素多呈有机状态，作物难以直接利用，需经微生物作用，缓慢释放出营养元素，源源不断地将养分供给作物。有机肥在分解的过程中，会产生多种的有机酸，这些有机酸可以将土壤中的难溶性养分转化为可溶性养分，可以有效提高土壤的酶活性。施用有机肥料能改善土壤结构，有效地协调土壤中的水、肥、气、热，提高土壤肥力和土地生产力。

（2）无机肥料。

无机肥料是采用提取、机械粉碎和化学合成等工艺加工制成的无机盐态肥料，又称矿物肥料、矿质肥料。由于绝大部分化学肥料是无机肥料，有时也将无机肥称为化学肥料，简称化肥，通常含有一种或几种农作物生长需要的营养元素，且都以无机化合物的形式存在。主要营养元素为氮、磷、钾、硼、钙、铜、铁、钠、钼、锌、硫、锰等。只含有 1 种可标明含量的营养元素化肥通常被称作单元肥料，比如氮肥、磷肥、钾肥、微量元素肥料、次要常量元素肥料。含有氮、磷、钾这三种营养元素中的其中两种，或三种元素都含有且可标明其含量的化肥，通常叫作复合肥料、混合肥料。

化肥的共同特点是成分单纯，养分含量高，肥效快，肥力强，部分化肥有酸碱反应，一般不含有机质，无改土培肥的作用。

化肥种类较多，性质和施用方法差异较大，需要根据不同的农作物和土壤条件选择合适的化肥品种和施肥方法。

（3）微生物肥料。

微生物肥料是以微生物的生命活动促进作物得到特定肥料效应的一种制品，也被称为接种剂或菌肥。如传统的固氮、解磷、解钾细菌，是农业生产中使用肥料的一种。微生物肥料含有大量有益微生物，可以改善作物营养条件、固定氮素和活化土壤中一些无效态的营养元素，创造良好的土壤微生态环境来促进作物的生长。

目前，微生物肥料主要有以下三类：生物有机肥，执行标准 NY 884—2012；农用微生物菌剂，执行标准 GB 20287—2006；复合微生物肥料，执行标准 NY/T 798—2015。

微生物肥料的作用主要体现在六个方面：提供或活化养分；产生促进作物生长活性物质；促进有机物料腐熟；改善农产品品质；增强作物抗逆性；改良和修复土壤。

3. 常见的施肥时期及方法

（1）施肥时期。

种肥：在作物播种或移栽时施于距种子或秧苗比较近的肥料。种肥的作用是解决苗期营养不足的问题，其特点是用量少、见效快。种肥的施用方法有多种，如拌种、浸种、条施、穴施或蘸根。

基肥：一般是在播种或移植前，或者多年生果树每个生长季第一次施用的肥料。它主要是供给植物整个生长期中所需要的养分，为作物生长发育创造良好的土壤条件，也有改良土壤、培肥地力的作用。

追肥：是指在植物生长期间为补充和调节植物营养而施用的肥料。追肥的主要目的是补充基肥的不足和满足植物生长中后期的营养需求。追肥施用比较灵活，可根据作物生长的不同时期所表现出来的元素缺乏症，对症追肥。氮钾及微肥是最常见的追肥品种。追肥可以土施也可以喷施，土施容易造成机械伤害，而喷施适用于紧急缺素状况，供应养分快，但供应量不足，因此多用于需求量较少的微量元素的施用。

在农业生产中，通常采用基肥、种肥和追肥相结合的方式施肥。

（2）施肥方法。

全层施肥：通过人工或机械等方式，将肥料均匀分布于农田整个耕作层的一种施肥模式。

分层施肥：就是把肥料分别施到不同深度的土层中，通常是将基肥的大部分施到较深的土层，将少量肥料施到较浅土层，有时再结合施种肥，使不同浓度的土层中都有养分供给作物吸收利用，适合作物不同生长期根系对养分的吸收利用，这种施肥方法对一些在土壤中移动性小的肥料，如磷肥效果更好。

集中施肥：把少量肥料集中施于作物根系附近的局部土壤中的施肥方法，如条施、穴施、沾秧根等。集中施肥结合深施覆土，有利于根系吸收养分和防止土壤对养分的固定，其效果常常优于分散撒施，特别是在肥料用量较少的情况。

根外追肥：又叫叶面喷肥，就是把含有一定营养元素的溶液，以喷雾的形式喷洒在植物叶片上，叶片通过表皮细胞和气孔，将营养元素吸入体内。由于肥料不施于土壤，又不通过根部吸收，因而这种追肥法称为根外追肥。

4. 施肥量的计算

$$某元素的合理用量=\frac{一季作物的总吸收量-土壤供应量}{肥料中养分的当季利用率}$$

$$目标产量施肥量（kg/亩）=\frac{目标产量\times单位产量养分吸收量-土壤当季养分供应量}{肥料养分含量\times肥料利用率}$$

$$作物单位产量养分吸收量=\frac{作物地上部分所含养分总量}{作物的经济产量}\times应用单位$$

$$土壤当季养分供应量=土壤速效养分测定值\times0.15\times校正系数$$

$$土壤当季养分供应量=单位产量养分吸收量\times空白田产量\div100$$

$$某元素当季肥料利用率=\frac{施肥区作物含该元素总量-空白区作物含该元素总量}{施入肥料中含该元素总量}\times100\%$$

$$校正系数=\frac{空白田产量\times作物单位产量养分吸收量}{土壤养分测定值\times0.15}$$

根据以上公式完成表 3-3，常见作物单位产量养分吸收量见附录表 A3，作物各器官养分含量见附录表 A4，其他作物单位产量养分吸收量也可查阅相关资料或通过实验获得。

表 3-3　肥力元素需求情况计算表

作物	元素	目标产量/（kg/亩）	空白田产量/（kg/亩）	养分吸收量/（kg/100 kg）	一季作物养分总吸收量/kg	土壤当季养分供应/kg	当季利用率	元素合理用量/kg	备注
水稻	N	600	380	2.25			35%*		
	P_2O_5			1.1			25%*		
	K_2O			2.7			41%*		
冬小麦	N	450	310	3			32%*		
	P_2O_5			1.25			19%*		
	K_2O			2.50			44%*		

续表

作物	元素	目标产量/(kg/亩)	空白田产量/(kg/亩)	养分吸收量/(kg/100 kg)	一季作物养分总吸收量/kg	土壤当季养分供应/kg	当季利用率	元素合理用量/kg	备注
玉米	N	500	330	2.57			32%*		
	P_2O_5			0.86			25%*		
	K_2O			2.14			43%*		

注：标*数据来自2013年10月10日农业部发布的《中国三大粮食作物肥料利用率研究报告》。

五、实验作业

（1）根据实际操作，总结不足或可以改进的地方。

（2）现种植某种作物，根据土壤肥力情况及作物对肥力的需求情况，推荐施用 N∶P_2O_5∶K_2O 为 3∶1∶2，经计算发现，亩施纯氮应为 9 kg。现有某种复合肥（袋上标示为 15∶15∶15）、尿素（46%）、硫酸钾（51%）3 种肥料，请问种植该种作物 27 亩应施用这 3 种肥料各多少 kg？（保留两位小数）。

实验三　水稻种植肥料运筹方案的制定

一、实验目的

（1）熟悉掌握水稻对营养元素吸收的选择性、阶段性，充分了解掌握水稻营养临界期和最大效率期。

（2）进一步加强掌握施肥量的确定。

（3）学会水稻苗期和大田期的肥料运筹。

二、材料及用具

草稿纸、笔、相关资料。

三、实验内容说明

1. 秧苗期肥料运筹

水稻秧苗期是指水稻播种后到大田移栽前阶段，此期的肥料管理关系着育苗质量的高低，目的是要促使幼苗达到壮秧，便于移栽大田后及时成活。需要根据苗期生长发育规律，结合水分、温度等进行肥力元素的管理，涉及苗期施肥量、施肥方式、施肥种类、施肥时期等内容。

2. 大田肥料运筹管理

水稻大田肥料管理是水稻栽培管理的重要方面，特别是水稻秧苗移栽后至成熟阶段，肥力元素的合理管理直接关系到水稻生长发育状况、分蘖能力、开花抽穗及成穗灌浆等，对水稻的产量品质起到非常重要的作用。大田施肥管理的目的是保证秧苗健康生长，提高综合抗性，实现高产的需求，确保高产稳产。

四、实验方法与步骤

水稻不同生长阶段对肥料种类及需求量不同，水稻的不同生长阶段需要根据其需求施用不同的肥料，以满足水稻生长发育所需的养分。水稻所需的肥料大致分为四种：基肥、分蘖肥、调控肥、孕穗肥。水稻施肥要根据品种特性、气候因素、栽培技术等方面综合考虑。每生产 100 kg 稻谷需要吸收氮肥 1.5 ~ 2.3 kg、磷肥 2.1 ~ 3.0 kg、钾肥 2 ~ 3 kg。根据水稻各个时期的生长特性，进行分期的施肥和追肥等。

1. 秧苗期肥料运筹

根据水稻秧苗期生长发育规律，查阅相关资料，结合专业理论知识，运筹好断奶肥、起身肥的管理并完成表 3-4，表格不够可增加行列数。

表 3-4　水稻苗期肥料管理

秧苗期生长进程	主攻目标	施肥策略	施肥名称	施肥方法	施用量占比	施肥名称	施肥方法	施用量占比	备注
播种～2叶期									
2～4叶期									
4叶～移栽期									

2. 大田肥料运筹

采用“前促、中控、后保”施肥法：施足基肥、早施蘖肥，中控，施保花肥进行大田肥料管理，做好基肥、蘖肥、穗肥（促花肥、保花肥）、粒肥等的运筹，并完成表 3-5，表格不够可增加行列数。

表 3-5　水稻栽培大田期肥料运筹方案

大田生长发育进程	主攻目标	施肥策略	施肥名称	施用方法	施用量占比	施肥名称	施用方法	施用量占比	备注
移栽前									
返青期									
分蘖期									
穗分化期									
灌浆结实期									

五、实验作业

（1）完成实验报告。

（2）讨论不同生育时期施肥管理对水稻生长发育及产质量的影响。

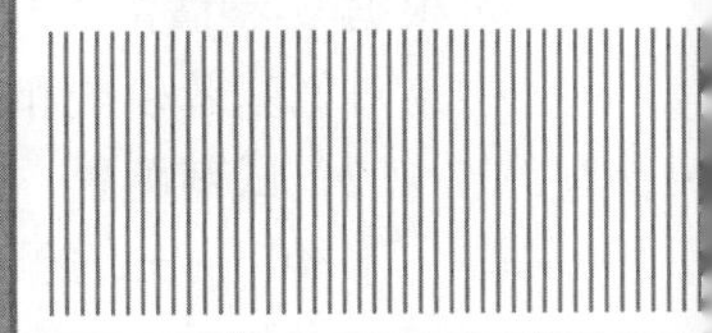

第四章 作物生理指标的测定

实验一 作物根系活力的测定

一、实验目的

（1）了解根系活力的概念及意义。
（2）掌握根系活力测定的几种方法。

二、材料及用具

材料：作物新鲜根系（水稻、玉米、小麦、蔬菜等均可）。

用具：分光光度计（光电比色计）、烘箱、研钵、漏斗、三角瓶、量筒、吸管、天平（感量 0.001 g）、剪刀、吸水纸、容量瓶（1 000 mL，250 mL，10 mL）、烧杯、移液器（10 mL、2 mL、1 mL）、刻度试管（20 mL）、试剂瓶（100 mL）、试管架、锥形瓶（100 mL）、滤纸、棕色瓶。

药品：α-萘胺溶液、磷酸氢二钠，磷酸二氢钾，对氨基苯磺酸，亚硝酸钠溶液，30%醋酸、乙酸乙酯、次硫酸钠粉末、TTC、石英砂、琥珀酸、硫酸。

三、实验内容说明

作物根系是吸收土壤中养分、水分、无机盐的主要器官，同时也是生长素、细胞分裂素等植物激素的主要合成场所，根深才能叶茂，根系活力的高低直接影响植物地上部分的生长和作物最终产量质量的高低，根系活力是作物栽培研究中的重要内容。

实验介绍常见的两种测定作物根系活力的方法，一是 α-萘胺氧化还原法，二是 TTC 法，两种方法各有特点。

四、实验方法与步骤

1. α-萘胺氧化还原法测定作物根系活力

（1）原理。

α-萘胺能在含铁氧化酶（主要指过氧化氢酶）的参与下被植物活体内的 H_2O_2 所氧化。

活体内的过氧化氢主要来源于呼吸作用，故根系呼吸强度与它对 α-萘胺的氧化能力存在密切的正相关。因此，可以根据 α-萘胺被氧化的情况来判断根系活力的大小。进行定量测定，可根据 α-萘胺溶液与根系接触一定时间后 α-萘胺数量上的减少来确定。α-萘胺在酸性环境中与对氨基苯磺酸和亚硝酸作用生成红色的偶氮染料，可供比色测定 α-萘胺含量。

（2）试剂配置。

① 40 μg/mL 的 α-萘胺溶液：准确称取 α-萘胺 10 mg 溶于 10 mL 蒸馏水中，微微加热至充分溶解后，定容至 250 mL，成 40 μg/mL 溶液。不使用时，棕色瓶装置于暗处保存。

② 0.1 mol/L 磷酸缓冲液（pH7.0）。

A 液：称磷酸氢二钠（Na_2HPO_2：$12H_2O$）35.82 g 溶于 1 000 mL 水中成为 0.1 mol/L 的磷酸氢二钠溶液为 A 液。

B 液：称磷酸二氢钾（KH_2PO_2）13.61 g 于 1 000 mL 水中成 0.1 mol/L 的磷酸二氢钾溶液为 B 液。

上述二液按（1）6:（2）4 比例混合，即得 0.1 mol/L 磷酸缓冲液（pH7.0）。

③ 1%对氨基苯磺酸：将 1 g 氨基苯磺酸溶于 30%的醋酸溶液 100 mL 中。

④ 100 μg/mL 亚硝酸钠溶液：称 10 mg 亚硝酸钠溶于 100 mL 蒸馏水中。

（3）定量测定。

① 绘制 α-萘胺标准曲线：用 40 μg/mL 的 α-萘胺液配制好 40 μg/mL、30 μg/mL、20 μg/mL、10 μg/mL、5 μg/mL 的标准液，另取 20 mL 刻度试管 6 支并编号。1 ~ 5 管各加入不同浓度的 α-萘胺溶液 1 mL、磷酸缓冲液 1 mL，第 6 管加蒸馏水 1 mL、磷酸缓冲液 1 mL 作为参比管。然后于每管中加入 10 mL 蒸馏水，1%对氨基苯磺酸 1 mL 和 100 μg/mL 的亚硝酸钠溶液 1 mL，摇匀后置 20 ~ 25 ℃温度下 5 min 使之显色。然后加入蒸馏水，使整个体积为 20 mL。将溶液摇匀，在 20 ~ 60 min 内用分光光度计于 510 nm 波长下比色，以参比管为 0 读取光密度，以 α-萘胺含量作横坐标，光密度作纵坐标绘制标准曲线。

② 称取吸干水的鲜根 1 ~ 2 g，加入 100 mL 的三角瓶中，再加入浓度为 40 μg/mL 的 α-萘胺溶液和 0.1 mol/L 磷酸缓冲液（pH7.0）各 25 mL 等量混合共 50 mL 轻轻摇动。静置 5 ~ 10 min 后，根的吸附已完毕，即可取样测定。

a. 初始值的测定。初始值即为根已与 α-萘胺接触，但还没通过根的呼吸作用实现氧化还原作用的数值。从三角瓶中取 2 mL 溶液放入 20 mL 刻度试管中，作为初始值测定的样品溶液。

b. 反应结束值的测定。将其余溶液塞好瓶塞后，在 25 ℃条件下振荡 3 ~ 6 小时，待反应结束后再取 2 mL 溶液放入刻度试管，作为反应后的数值测定的溶液。

c. 空白的测定。因萘胺液会自动氧化，所以要同时做没有根系的空白试验，以测定其自动氧化值，空白液为 1 mL 蒸馏水和 1 mL 0.1 mol/L 磷酸缓冲液（pH7.0）。

在上述所取的 2 mL 测定液中，分别加入 10 mL 蒸馏水，混匀后再加入 1%对胺基苯磺酸 1 mL 和 100 μg/mL 亚硝酸钠溶液 1 mL，摇匀后置室温下 5 min 使之显色，然后加入蒸馏水到 20 mL，在 20 ~ 60 min 内在 510 nm 波长下比色，读取光密度，由标准曲线方程计算 α-萘胺含量。

（4）计算氧化量。

α-萘胺氧化总量（μg）=[第一次取液测定值（μg/mL）–第二次取液测定值（μg/mL）] × 24 mL*

α-萘胺自动氧化量(μg)=[空白第一次测定值(μg/mL)–空白第二次测定值(μg/mL)] × 24 mL。

$$\alpha\text{-萘胺生物氧化强度}(\alpha\text{-萘胺μg/小时·克鲜根重})=[(A-B)-(C-D)]\times E/(t\times w)$$

式中 A 为第一次取液测定值；B 为第二次取液测定值；C 为第一次空白测定值；D 为第二次空白测定值。第一次取样用去 2 mL，故酶促反应是在 48 mL 溶液中进行的。其稀释倍数 E 为 24。t 为反应时间（h），w 为参与反应的根鲜重（g）。

2. TTC 法测定根系活力

（1）原理。

氯化三苯基四氮唑（TTC）溶于水中成为无色溶液，但还原后即生成红色而不溶于水的三苯基甲腙，且在空气中稳定。生物体中脱氢酶的活性与根系活力呈正相关，所以利用 TTC 作为脱氢酶的受体来衡量脱氢酶活性，由 TTC 被还原生成物的量即可判断根系活力。

（2）试剂配置。

① 0.4%TTC 溶液：准确称取 TTC 0.400 g 溶于少量水中，定容至 100 mL，用时稀释至需要的浓度。

② 1/15 mol/L 磷酸缓冲液：称取纯磷酸氢二钠 11.864 g 溶于 1 000 mL 蒸馏水中为 A 液，称取磷酸二氢钾 9.073 g 溶于 1 000 mL 蒸馏水中为 B 液。用时 A 液与 B 液按照 6∶4 混合均匀而成。

③ 1 mol/L 硫酸：用量筒量取比重 1.84 的浓硫酸 55 mL，边搅拌边加入盛有 500 mL 蒸馏水的烧杯中，冷却后定容至 1 000 mL。

④ 0.4 mol/L 琥珀酸溶液：准确称取琥珀酸 4.72 g，溶于 20 mL 蒸馏水中，定容至 100 mL 即可。

（3）定量测定。

① 绘制 TTC 标准曲线：取 0.4%TTC 溶液 0.2 mL 放入 10 mL 容量瓶中，加少许 $Na_2S_2O_4$ 粉摇匀后立即产生红色的三苯基甲腙（TTF），再用乙酸乙酯定容至刻度并摇匀，此溶液含有 TTF 浓度为 80 μg/mL。然后分别取此液 0.25 mL、0.50 mL、1.00 mL、1.50 mL、2.00 mL 置于 10 mL 容量瓶中，用乙酸乙酯定容至刻度，即得到含三苯基甲腙的 20 μg、40 μg、80 μg、120 μg、160 μg 的标准比色系列，与空白作参比，在 485 nm 波长下测定吸光度，绘制标准曲线。

② 准确称取根尖材料 0.5 g 放入 10 mL 小烧杯中，加入 0.4%TTC 溶液和磷酸缓冲液的等量混合液 10 mL，把根充分浸没在溶液内，在 37 ℃下暗保温 1 ~ 3 h，此后加入 1 mol/L 硫酸 2 mL，以停止反应。[与此同时做一空白实验。先加硫酸（防止加入 TTC 后还原反应发生），再加根样品，37 ℃保温后不加硫酸，其他操作步骤同上]。

③ 取出上述根尖，用滤纸吸干水分放入研钵中，加入乙酸乙酯 3 ~ 4 mL 和少量石英砂一起在研钵内磨碎，以提出三苯基甲腙（TTF），红色提取液移入 10 mL 容量瓶.并用少量乙酸乙酯把残渣洗涤两三次，皆移入容量瓶，用乙酸乙酯定容至 10 mL，用分光光度计在波长 485 nm 下比色，以空白试验作参比测出吸光度，查标准曲线，即可求出 TTC 还原量。

（4）结果计算。

$$根系活力 = C / 1000 \times w \times h[mgTTF / (g \cdot h)]$$

式中：C 为 TTC 的还原量，单位为 μg；W 为根的鲜重；h 为反应时间，单位为 h。

五、实验作业

（1）思考测定作物根系活力的意义。
（2）在作物根系活力的定性测定中，α-萘胺法和 TTC 法的测定原理有何不同。

实验二 作物根系表面积的测定

一、实验目的

（1）了解常见的根系表面积测定方法。
（2）掌握亚甲烯蓝染色法测定根系表面积。

二、材料及用具

材料：任意大田作物新鲜根系。

用具：锄头、剪刀、镊子、烧杯、量筒（100 mL）、移液管、试管、试管架、吸水纸、分光光度计等。

试剂：亚甲基蓝。

三、实验内容说明

根系表面积的大小从某种程度上可以反映根系吸收能力的强弱，测定根系表面积的方法很多，大致分为直接测量法和间接测量法两类。

直接测量法是测定大量的单根的平均直径以及测量每个样品的总根长，按圆柱面积的计算公式 $S=\pi RL$（R：直径；L：总长）来估算根系表面积。此种方法精度差且工作量大。

间接测量法有染色液蘸根法、重量法、滴定法、电容法、叶面积仪法等。

应用比较普遍的是染色液蘸根法，这种方法不仅可以测定总吸收面积还可以区分活跃吸收面积。

四、实验方法与步骤

1. 原 理

根据沙比宁等的理论，植物根系对物质的吸收最初以单分子形式均匀地覆盖在根系表面，之后根系的活跃部分把吸附着的物质解吸到细胞中去，根系表面又继续吸附新的物质且均匀分布。依据上述原理，可以根据根系对某种物质的吸附量来测定根的吸收面积。

亚甲基蓝（甲烯蓝）是一种广泛使用的染色剂，可作为被吸附物质，其被吸附的数量可以根据供试液浓度的变化用比色法准确地测出。据沙比宁测定 1 mg 甲烯蓝成单分子层时可覆盖 1.1 m^2 的面积，据此可以求出根系的总吸收面积。当根系在甲烯蓝溶液中已经达到吸附饱和而仍留在溶液中时，根系的活跃部分能把原来吸附的物质吸收到细胞中去，因而可以继续吸附甲烯蓝。从后一个吸附量可求出活跃吸收面积，可作为根系活力的指标。

2. 试剂配置

0.000 2 mol/L 甲烯蓝溶液：75 mg 甲烯蓝溶解定容至 1 000 mL，质量浓度为 0.075 mg/mL。

0.01 mg/mL 甲烯蓝溶液：取 0.000 2 mol/L 的甲烯蓝溶液 13.4 mL 加水定容至 100 mL。

3. 定量测定

（1）绘制甲烯蓝标准曲线。

取 7 支试管编号，按表 4-1 配成甲烯蓝系列标准液。

表 4-1　甲烯蓝标准溶液配置表

试管号	1	2	3	4	5	6	7
0.01 mg/mL 甲烯蓝液加入量/mL	0	1	2	3	4	5	6
加蒸馏水量/mL	10	9	8	7	6	5	4
甲烯蓝液浓度/（mg/mL）	0	0.001	0.002	0.003	0.004	0.005	0.006

把各管混匀后，用分光光度计在 660 nm 下测定光密度并绘制浓度光密度曲线。

（2）将根系洗净用吸水纸吸干表面附着水，将根浸在盛水的量筒中测定根系的体积（或用根系体积测定装置）。

（3）把 0.000 2 mol/L 的甲烯蓝溶液，分别倒入 3 个编号的烧杯中，每杯中溶液的量约 10 倍于根系体积，准确记下每杯的溶液用量。

（4）从量筒中取出根系，用吸水纸把水吸干，注意勿伤根系。然后放入第一个盛有甲烯蓝溶液的小烧杯中，浸 2 min 后立即取出，使根系上多余的甲烯蓝溶液流回到原烧杯中去。再放入第二个小烧杯中浸 2 min，取出后同样使根系上多余的甲烯蓝溶液流回到原烧杯中去。最后再浸入第三个小烧杯中 1.5 min，取出后使根系上多余液体流回到烧杯中去。

（5）从上述三个烧杯中各取出 1 mL 甲烯蓝溶液，分别加入三个试管各稀释 1～10 倍，摇匀后在 660 nm 下测定光密度，并在标准曲线上查出相应的浓度（mg/mL）。再乘以稀释倍数，即为浸根后溶液的甲烯蓝浓度，如浸根后溶液浓度降低很多，也可不经稀释直接测定光密度。

5. 结果计算

$$总吸收面积(m^2)=[(C_0-C_1)\times V_1+(C_0-C_2)\times V_2]\times 1.1$$

$$活跃吸收面积(m^2)=[(C_0-C_3)\times V_3]\times 1.1$$

$$活跃吸收面积(\%)=活跃吸收面积(m^2)/总吸收面积(m^2)\times 100$$

$$比表面积=根系总吸收面积(cm^2)/根的体积(cm^3)$$

式中：C_0——甲烯蓝溶液原浓度（mg/mL）；

C_1、C_2、C_3——分别为 1、2、3 烧杯浸根后溶液的浓度（mg/mL）；

V_1、V_2、V_3——分别为 1、2、3 烧杯中加入的甲烯蓝溶液的体积（mL）。

五、实验作业

（1）根据测定结果，计算完成实验材料的根系总吸收面积和活跃吸收面积。

（2）思考比表面积的意义。

实验三　作物干物质及灰分含量的测定

一、实验目的

（1）掌握土地当量比的含义及其重要意义。
（2）掌握土地当量比的计算方法并能熟练应用进行土地当量比的计算。

二、材料及用具

材料：水稻或玉米植株若干。

用具：镰刀、剪刀、粉碎机、电子天平、大铝盒（直径 15 cm）、小铝盒（直径 5.5 cm）、干燥器、烘箱、马弗炉、坩埚、坩埚钳、劳保手套。

三、实验内容说明

干物质是指有机体在 60 ~ 90 ℃的恒温下，充分干燥后余下的物质，其重量是衡量植物有机物积累、营养成分多寡的一个重要指标。作物干物质的量是衡量作物生长量的基本指标之一，干物质的测定对象根据研究需要可以是作物的器官、植株个体，也可以是整个群体或群体的一部分。

灰分是有机体经过高温燃烧后所剩下的物质，主要是矿物质等无机成分。测定植株各部分灰分含量可以了解各种作物在不同生育期和不同器官中灰分的含量及其变动情况，也可以查明施肥、土壤、气候等因素对灰分含量变化的影响。

植物体的灰分含量并不高（平均 5% 左右），但对植物的生长发育有很重要的意义。植物干物质中灰分的含量随植物种类、品种、不同器官和部位、生育期以及土壤、气候、施肥和其他农业技术措施等因素而变动。

四、实验方法与步骤

1. 实验材料准备

实验设 5 次重复，田间选择观测点 5 处，每个观测点为 1 次重复，面积 1 m^2，每个观测点内随机选择有代表性植株 5 株，共 25 株。将水稻植株连根取出，注意尽量不要伤到根系。洗掉根上泥土后带入实验室，再用水冲洗干净，将每个重复的 5 株水稻植株用剪刀剪成碎片混匀，装入透气纸袋或布袋自然风干，5 次重复单独装袋，共 5 个样品，风干后分别粉碎至 1 mm 大小。

2. 干物质含量的测定

（1）取直径 15 cm 的干净铝盒，放入烘箱，盒盖打开斜放于铝盒旁边，100 ~ 105 ℃烘箱中烘 30 min，取出，盖好盒盖，移入盛有硅胶的干燥器中冷却至室温，称重。重复以上步骤，两次称重之差小于 1 mg 可算达到恒重，取质量数值较小的作为铝盒质量，记作 m_1。

（2）将粉碎混合均匀的风干植株样品约 50 g，放入直径 15 cm 的铝盒中，准确称重（m_2），放入烘箱中，调节烘箱温度至 105 ℃，烘干 5 ~ 6 h，称重，最后两次称重容差不超 5%可认为达到恒重，取较小的重量(m_3)。

3. 灰分含量的测定

打开提前预热好的马弗炉，温度调至 600 ℃；待温度升至 600 ℃时取 60 ~ 90 mL 的瓷坩埚置于高温炉中，在 600 ℃下灼烧 0.5 h，取出，冷至 200 ℃以下后，放入干燥器中冷至室温（30 ~ 40 min），精密称量并记录数据，重复灼烧至恒重（精确至 0.000 1 g），记为 m_1。

称取风干粉碎后的样品 5 g 左右于恒重的坩埚内，精确称重（精确至 0.000 1 g），记为 m_2。先以小火加热使样品充分炭化至无烟，将炭化完全的试样放入高温电阻炉中于（525±25）℃灼烧灰化 2 ~ 3 h，待炉温降至 200 ℃以下，将坩埚移入干燥器中，冷却至室温称量，重复灼烧、冷却、称重，直至前后两次称重相差不超过 1 mg 为恒重，记为 m_3。

五、计算过程与结果

$$干物质含量 = \frac{m_3 - m_1}{m_2 - m_1} \times 100\%$$

式中，m_3 为烘干后样品重量+铝盒重量，m_2 为烘干前样品重量+铝盒重量，m_1 为铝盒重量。

$$灰分率 = \frac{m_3 - m_1}{m_2 - m_1} \times 100\%$$

式中，m_3 为烘干后样品重量+坩埚重量，m_2 为烘干前样品重量+坩埚重量，m_1 为坩埚重量。

六、实验作业

（1）计算实验材料的干物质含量和灰分含量。

（2）讨论测定植株各部分灰分干物质含量和灰分含量的意义。

实验四　低温对玉米种子萌发及淀粉酶活性的影响

一、实验目的

（1）了解作物种子萌发对温度的要求。
（2）通过实验了解低温对玉米种子萌发的影响。
（3）掌握种子淀粉酶活性的测定方法。

二、材料及用具

材料：玉米种子。

用具：培养皿、滤纸、发芽盒、培养箱、低温培养箱、记录本、滴管、烧杯、磁力搅拌器、移液枪、容量瓶、离心管（10 mL）等。

试剂：蒸馏水、高锰酸钾、酒石酸钾钠、3,5-二硝基水杨酸、氢氧化钠、重蒸酚、亚硫酸钠、柠檬酸、柠檬酸钠、可溶性淀粉、麦芽糖等。

三、实验内容说明

玉米种子萌发要求温度 25～35 ℃，温度过高或过低都不利于玉米种子的萌发，实验通过将种子置于低温环境中，观察其发芽相关指标，探讨低温对玉米种子萌发的影响，为指导实际生产和相关科学研究提供一定理论依据。

淀粉酶在种子萌发过程中起到非常重要的作用，它能将种子胚乳中的淀粉分解为葡萄糖、麦芽糖等以供种子萌发提供养分和能量。淀粉酶产生的这些还原糖能使 3,5-二硝基水杨酸被还原，生产红棕色的 3-氨基-5 硝基水杨酸。利用比色法可测得淀粉酶活性。淀粉酶主要分为 α-淀粉酶和 β-淀粉酶，由于 β-淀粉酶在高温下易钝化，利用这个特性，可以在非高温条件下测出总淀粉酶活性，再在高温下测出 α-淀粉酶活性，总淀粉酶活性减去 α-淀粉酶活性即可得 β-淀粉酶活性。

四、实验方法与步骤

1. 种子萌发及观察

（1）种子选用及处理。

挑选籽粒饱满、生活力强的玉米种子，用 0.02%高锰酸钾溶液浸种 2～5 min，后用蒸馏水充分冲洗干净，留用。

（2）实验设两个处理，一个为正常萌发温度处理（白天 25 ℃，夜晚 20 ℃），一个为低温处理（白天 15 ℃，夜晚 10 ℃）。将洗干净的玉米种子均匀摆放在铺有两层滤纸或吸水纸的培养皿中，每个培养皿铺放 50 粒，种胚朝上，每个处理重复 3 次。将培养皿放入培养箱中进行萌发，培养箱湿度 70%。其间，注意保持各培养皿水分，保持湿润及换水。

（3）发芽期间每天做好发芽情况记录，第 7 天发芽时间结束，统计发芽率，计算发芽势。

发芽势=发芽高峰期发芽的种子数/供试种子数 × 100%

发芽率=（发芽种子数/供试种子数）× 100%

发芽记录标准：种子胚根与种子等长，胚芽达种子长度 1/2 以上时为发芽。

2. 淀粉酶活性的测定

玉米种子发芽第 3 天进入快速发芽期，测定淀粉酶活性。

（1）待测样品。

（2）试剂配置。

① 3,5-二硝基水杨酸（DNS）溶液配制。

称取 91 g 酒石酸钾钠定溶于 250 mL 蒸馏水中，45 ℃磁力搅拌器边加热边溶解。随后依次加入 3,5-二硝基水杨酸 3.15 g、131 mL NaOH(2 mol/L)、重蒸酚 2.5 g、亚硫酸钠 2.5 g，应注意 3,5-二硝基水杨酸和 NaOH 的加入时间需相近，或先加入 NaOH，否则容易产生难溶沉淀，待溶解完全后冷却并定容至 500 mL，避光保存。

② 柠檬酸缓冲液（pH5.6）配制。

A 液：称取柠檬酸($C_6H_8O_7 \cdot H_2O$)21.01 g，溶解后稀释至 1 L。

B 液：称取柠檬酸钠($Na_3C_6H_5O_7 \cdot 2H_2O$)29.41 g，溶解后稀释至 1 L。

取 A 液 55 mL 与 B 液 145 mL 混匀，即为 0.1mol/L、pH 5.6 的柠檬酸缓冲液。

③ 1%淀粉溶液配制。

将 1 g 可溶性淀粉加入 80 mL 蒸馏水中，在电炉上加热溶解，也可在沸水浴中溶解，冷却后定容至 100 mL。

（3）标准曲线制作。

取 10 mL 带塞刻度试管 7 支，编号。依次分别按表 4-2 加入麦芽糖标准液(1 mg/mL)0 mL、0.1 mL，0.3 mL、0.5 mL、0.7 mL、0.9 mL、1.0 mL，不足 1.0 mL 的试管用蒸馏水补足至 1.0 mL。再在各试管中加 3,5-二硝基水杨酸试剂 2.0 mL，盖上试管塞，置沸水浴中加热 10 min。取出冷却，用蒸馏水稀释至 10 mL。混匀后用分光光度计在 520 nm 波长下进行比色，记录吸光度。以吸光度为纵坐标，以麦芽糖含量（mg）为横坐标，绘制标准曲线。

注意，标准曲线的决定系数不得低于 0.995，否则需要重做。

表 4-2　麦芽糖标准曲线试剂添加量

试剂	试管编号						
	1	2	3	4	5	6	7
麦芽糖标准液/（1 mg/mL）	0	0.1	0.3	0.5	0.7	0.9	1.0
蒸馏水/mL	1	0.9	0.7	0.5	0.3	0.1	0
柠檬酸钠缓冲液/mL	1	1	1	1	1	1	1
DNS/mL	1	1	1	1	1	1	1

（4）α-淀粉酶活性的测定。

取 10 mL 带塞刻度试管，于每管中各加酶液 1 mL，在（70±0.5）℃恒温水浴 15 min，钝化 β-淀粉酶。取出后迅速用流水冷却。冷却后加入 1%淀粉酶溶液 1 mL 及 0.1 mol/L、pH 5.6 的柠檬酸缓冲液 1 mL，40 ℃恒温水浴准确计时保温 5 min，然后加入配置好的 3,5-二硝基水杨酸（DNS）溶液 1 mL，摇匀，在沸水中准确水浴 5 min，取出冷却，用蒸馏水定容至 10 mL，摇匀，用分光光度计在 540 nm 波长下进行比色，读取吸光度值。

（5）总淀粉酶活性的测定。

准备 10 mL 试管。取 1 mL 酶液，稀释 5 倍（稀释倍数视样品酶活性大小而定，稀释倍数不够可扩大稀释倍数再进行后续实验）。取稀释后的酶液 1 mL 于试管中，加入预先配置好的 1%淀粉溶液 1 mL 及 0.1 mol/L、pH 5.6 的柠檬酸缓冲液 1 mL，40 ℃恒温水浴准确保温 5 min，加入 1 mL DNS 溶液，摇匀，在沸水中准确水浴 5 min，冷却后用蒸馏水定容至 10 mL，摇匀，用分光光度计在 540 nm 波长下进行比色，读取吸光度值。

根据标准曲线求得麦芽糖的质量，从而计算淀粉酶的活性。

五、结果计算

$$淀粉酶活性=C \times V_T/(W \times V_s \times t)(mg/g/min)$$

式中，C 为通过标准曲线计算得到的麦芽糖含量（mg）；V_T 为淀粉酶原液总体积（mL）；V_s 为反应所用淀粉酶原液体积（mL）；W 为样品重量（g）；t 为反应时间（min）。

六、实验作业

（1）请根据 α-淀粉酶测定管中的麦芽糖含量和总淀粉酶麦芽糖含量计算各自淀粉酶活性。

（2）思考淀粉酶活性测定中应注意的事项。

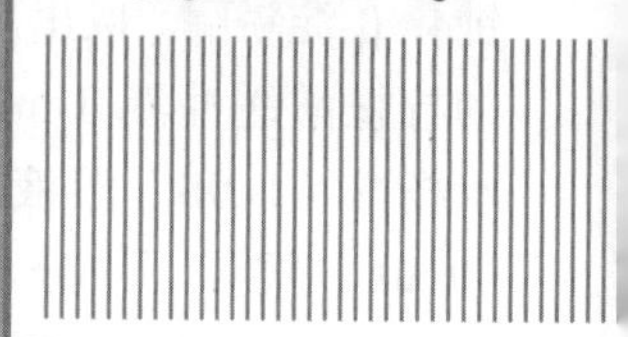

作物产量与品质

实验一　禾谷类作物测产

农作物测产即通过科学统计农作物产量，在作物收获以前及早提供产量信息，对于制订收获、仓储、运销、加工等计划，掌握当地作物的总产量，推广作物新品种等方面具有十分重要的意义。测产是一项严肃的评估工作，必须做到科学、公正、真实、可靠、克服主观性和随意性。

一、实验目的

（1）了解作物测产对生产实际的重要意义。

（2）掌握小麦玉米测产基本方法。

二、材料及用具

皮尺、电子天平（0.01 g）、记录本、计算器。

三、实验内容说明

以小麦、玉米为例，介绍禾谷类作物测产的基本方法。

禾谷类作物的产量构成因素为穗数、每穗实粒数、千粒重，这些因素构成测产的基本依据。测产的准确性均取决于样点数目及其代表性、调查数据准确性、粒重取值的可靠性等。

小麦、玉米测产分为理论测产和实收测产。

理论测产：小麦、玉米乳熟期，前两个因子基本固定，可在乳熟期测得穗数和每穗粒数，参照该品种多年千粒重可以估算出当年产量。

实收测产：小麦、玉米腊熟末期，粒重亦固定。在临收割前，测得亩穗数、穗粒数，再通过穗脱离后晒干称重来测得千粒重，计算产量。

四、实验方法与步骤

1. 整个地块面积、地形、生育状况的把握

面积和地形关系到样点数目及分布，生长状况则直接影响到测产结果的准确性，要根据测产地段的地形情况，植株生长发育状况确定选点。若地段内（特别是面积达几十甚至几百亩以上）植株生长发育状况差异较大，应进行分类，计算面积比例，再确定各类地块选点取样进行测产，按比例测出全田或全地段产量。

2. 田间采样

（1）样点数的确定。

样点即小面积测产范围的面积，一般仅为全田或全地段的几十分之一至几百分之一，样点选择一定要有代表性，否则测产结果不准确。样点数目要根据田块大小、地形及生长状况来确定，通常生长整齐的 5 亩以内的麦田，采用五点取样法或对角线法取样 5 个点，取样点要距地边界 1 m 以上，防止边际效应影响测产准确性。

（2）样点面积、穗数及穗粒数的测量或计量。

小麦可在每个样点内取 1 m^2 的样方一个，数清样方内的有效穗数，计算每亩穗数。然后在每个样点内随机数 20 株的每穗实粒数，计算每穗实粒数平均值。若是实收测产，还需要测定籽粒千粒重。

玉米可在每个样点范围选取 3 ~ 5 行有代表性的种植行，调查穗数，调查双穗率及空秆率。穗粒数少于 20 粒的植株为空秆，且不计算在双穗率内，其籽粒数也不计入穗粒数，根据此 3 ~ 5 行的面积计算亩穗数。然后在样点范围内连续测定 20 个果穗的穗粒数，取平均值。玉米穗粒数=穗行数 × 行粒数，其中穗行数为果穗中部的籽粒行数；行粒数为一中等行的籽粒数。同样，若是实收测产，还需要测定籽粒千粒重。

（3）产量计算。

每亩穗数=平均每 m^2 穗数 × 666.7

每穗粒数=调查植株的总粒数/调查穗数

理论产量（kg/亩）=[每亩穗数（穗）× 每穗实粒数（粒）× 千粒重（g，前三年平均千粒重）]/1000

预测产量（kg/亩）=理论产量 × 85%

若是每样点收割脱粒称重者，其产量如下：

理论产量（kg/亩）=每 m^2 产量（kg）× 666.7（m^2）

预测产量（kg/亩）=理论产量 × 85%

小麦预测亩产量（kg/亩）=亩穗数 × 穗粒数 × 千粒重（g）÷100 × 85%

玉米预测亩产量（kg/亩）=种植密度 ×（1+双穗率−空秆率）× 穗粒数 × 千粒重（g）÷1000 × 85%

玉米种植密度可通过附录表 A5 快速查询也可通过实际株行距计算可得。

（4）样点面积、穗数及穗粒数的测量或计量。

五、实验作业

（1）完成实验报告。

（2）讨论理论测产与实收测产是否有差异，如何降低误差。

实验二　作物经济系数的计算及比较

一、实验目的

（1）了解经济系数的内在含义，认识经济系数在农业生产中的重要意义。
（2）掌握经济系数的计算方法。
（3）了解常见的作物的经济系数。

二、材料及用具

材料：水稻、玉米、烤烟、马铃薯等植株。
用具：镰刀、锄头、箩筐、脱粒机、簸箕、烘箱、剪刀、中型电子天平（量程：1 ~ 30 kg，精确到 0.1 kg）、劳保手套等。

三、实验内容说明

选取有代表性的作物，将作物收获后将产品器官和其他部分分别烘干称重，获得作物的生物产量及经济产量，计算经济系数（收获）指数并进行比较。常见作物的经济系数或收获指数可参考附录表 A6。

四、实验方法与步骤

1. 样点的选择

选取能代表当地一般地形、地势、土壤、耕作制度和栽培水平的作物种植大田，并且周围无障碍和特种小气候的影响，确保选择的观测地段具有代表性。观测作物品种为当地栽培面积最大、普遍推广的优良品种，其播期、移栽期也是最适宜的，能够代表当地大田情况。在观测地段内按照 5 点取样法选出 5 个观测点，每个观测点 1 m^2，植株高大的可扩大样点面积。

2. 作物收获

作物成熟后，将样点范围内的作物全株按产品器官（籽粒，果实，纤维等）和非产品器官（茎秆、藤蔓等）全部收获，产品器官不是根茎类的一般不包括根系。

3. 干燥称重

将产品器官及非产品器官分别自然晾干或晒干，非产品器官比较多比较大的，可用剪刀适当剪碎成小块，产品器官和非产品器官均用纸袋分装好，放入干燥箱中，把干燥箱温度调到 75 ~ 80 ℃，连续烘干至恒重。样品烘干到一定程度时，可带劳保手套取出试称。用电子天平称量两次结果容差不超5%时，求平均值作为恒重重量。在称量时，要从干燥箱中取一袋样品称量一袋，不能把样品全部取出暴露在空气中，以免吸收水分重量迅速增加。

4. 计算并完成表5-1

根据不同作物的产品器官干物重和非产品器官干物重计算得出该作物干物质总量，即生物产量，利用产品器官干物重（经济产量）与生物学产量计算经济系数。

生物学产量=产品器官干物重+非产品器官干物重

经济系数=经济产量/生物学产量

谷草比=产品器官干物重/非产品器官干物重

表5-1　作物经济系数

作物种类	产品器官干物重/g	非产品器官干物重/g	生物产量/g	经济系数	谷草比	备注

五、实验作业

（1）比较所测定的多种作物的经济系数。

（2）讨论影响作物经济系数的主要因素，在生产实际中应如何促进经济系数的提高？

实验三　玉米品质国家标准及分级

一、实验目的

（1）了解玉米品质的国家分级标准。
（2）学会按照国家标准对玉米品质进行分级。

二、材料及用具

任意 3 种饲料玉米品种的种子，谷物容重器，分样器，干燥器，干燥箱，称量瓶，谷物选筛（上层筛孔径 12.0 mm，下层筛孔径 3.0 mm），天平（0.001 g，0.01 g，0.1 g，1 g），相关标准，记录本等。

三、实验内容说明

玉米质量标准是保障玉米质量和安全的重要依据，玉米质量标准包括外观、化学成分、加工品质等方面的要求，国标玉米的质量标准确保了国标玉米的质量稳定和安全可靠，同时，也为玉米种植、加工、销售等环节提供了具体的技术指导，对推动玉米产业的健康可持续发展具有十分重要的意义。

本实验依据国家市场监督管理总局、中国国家标准化管理委员会于 2018 年 7 月 13 日发布的国家标准 GB 1353—2018 为依据，介绍国标对玉米质量的要求，并按照该标准初步判断玉米样品质量等级。国标中对玉米食品安全的要求、动植物检疫要求等不在本实验范围内。GB 1353—2018 不适用于糯玉米、甜玉米及本标准第 4 章分类规定以外的特殊品种玉米。

四、实验方法与步骤

1. 国标玉米质量要求

玉米国标将玉米分为一等、二等、三等 3 个等级，以容重、不完善粒、霉变粒、杂质和水分等指标进行划分，具体见表 5-2。其中容重为定等指标，3 为中等。

表 5-2　玉米质量指标

等级	容重/（g/L）	不完善粒含量/%	霉变粒含量/%	杂质含量/%	水分含量/%	色泽、气味
1	≥720	≤4.0	≤2.0	≤1.0	≤14.0	正常
2	≥690	≤6.0				
3	≥660	≤8.0				
4	≥630	≤10.0				
5	≥600	≤15.0				
等外	<600	—				
注：“—”为不要求。						

一般而言，一等玉米具有最高品质，适用于制作高品质食品；二等玉米品质稍逊于一等，仍属于优质玉米；三等玉米品质较低，可用于食品加工或饲料生产。

2. 玉米质量要求指标的检验

（1）按照国标 GB/T 5491 对玉米种子进行扦样、分样，每个品种 2 000 g 样品。

（2）按照国标 GB/T 5492 进行色泽、气味检验。

分取 20 ~ 50 g 样品，放在手掌中均匀地摊平，在散射光线下仔细观察样品的整体颜色和光泽。

分取 20 ~ 50 g 样品，放在手掌中用哈气或摩擦的方法，提高样品的温度后，立即嗅其气味。

正常的粮食、油料应具有固有的色泽和气味。

（3）杂质、不完善粒、霉变粒含量检验：依照 GB/T 5494 执行。

大样杂质检验，大孔筛在上，小孔筛在下，套上筛底，将样品种子（500 g）用手筛法以 110/min ~ 120/min 次的速度按顺时针和逆时针的方向各筛动 1 min，选筛直径 8 ~ 10 cm，然后拣出筛上大型杂质（粮食籽粒外壳剥下归为杂质），将上层筛的筛上物和下层筛的筛下物合并称重，精确至 0.01 g。小样杂质检验，从检验过大样杂质的试样中分取 100 g，精确值 0.01 g，拣出杂质，与此同时拣出不完善粒、霉变粒称重，计算各项含量。

不完善粒中的生霉粒检验，以下情况不应判定为生霉粒。

① 轻擦霉斑部分，霉状物可擦掉且擦掉后种皮无肉眼可见痕迹的颗粒。

② 粒面被其他污染物污染形成斑点的颗粒；破损部位黏附其他污染物的颗粒。

③ 冠部留有花丝脱落留下的痕迹（肉眼可见小黑点）的颗粒。

④ 因病害产生斑点的颗粒。

（4）水分含量检验：按 GB 5009.3 执行，采用直接干燥法的测定。

取洁净铝制或玻璃制称量瓶，置于 101 ~ 105 ℃干燥箱中，瓶盖斜支于瓶边加热 1.0 h，取出盖好，置干燥器内冷却 0.5 h，称量，并重复干燥至前后两次质量差不超过 2 mg，即为恒重。将混合均匀的试样迅速磨细至颗粒小于 2 mm，不易研磨的样品应尽可能切碎，称取 2 ~ 10 g 试样（精确至 0.001 g），放入称量瓶中，试样厚度不超过 5 mm，如为疏松试样，厚度不超过 10 mm，加盖，精密称量后，置于 101 ~ 105 ℃干燥箱中，瓶盖斜支于瓶边，干燥 2 ~ 4 h 后，盖好取出，放入干燥器内冷却 0.5 h 后称量。然后再放入 101 ~ 105 ℃干燥箱中干燥 1 h 左右，取出，放入干燥器内冷却 0.5 h 后再称量，并重复以上操作至前后两次质量差不超过 2 mg，即为恒重，计算水分含量。

$$x=\frac{m_1-m_2}{m_1-m_3}\times 100\%$$

式中：

x——试样中水分的含量，%；

m_1——称量瓶和试样的质量，单位为克（g）；

m_2——称量瓶和试样干燥后的质量，单位为克（g）；

m_3——称量瓶的质量，单位为克（g）；

注：两次恒重值在最后计算中，取质量较小的一次称量值。

（5）容重检验：按 GB/T 5498 执行。

将筛选过的种子称取 1 000 g 作为容重检验样品，重复两次。筛选方法参照杂质、不完善粒、霉变粒含量检验方法。

① 称量器具安装：

打开箱盖，取出所有部件，盖好箱盖。在箱盖的插座（或单独的插座）上安装支撑立柱，将横梁支架安装在立柱上，并用螺丝固定，再将不等臂式横梁安装在支架上。

② 调零：

将放有排气砣的容量筒挂在吊钩上，并将横梁上的大、小游码移至零刻度处，检查空载时的平衡点，如横梁上的指针不指在零位，则调整平衡砣位置使横梁上的指针指在零位。

③ 测定：

取下容量筒，倒出排气砣，将容量筒安装在铁板座上，插上插片，并将排气砣放在插片上，套上中间筒。关闭谷物筒下部的漏斗开关，将准备好的试样倒入谷物筒内，装满后用板刮平。再将谷物筒套在中间筒上，打开漏斗开关，待试样全部落入中间筒后关闭漏斗开关。握住谷物筒与中间筒接合处，平稳迅速地抽出插片，使试样与排气砣一同落入容量筒内，再将插片准确、快速地插入容量筒豁口槽中，依次取下谷物筒，拿起中间筒和容量筒，倒净插片上多余的试样，取下中间筒，抽出容量筒上的插片。

④ 称量：

将容量筒（含筒内试样）挂在容重器的吊钩上称量，称量的质量即为试样容重（g/L）。

⑤ 平行试验：

从平均样品分出的两份试样按 7.1.1 ~ 7.1.4 分别进行测定。

两次测定结果容差不超过 3 g/L，取平均值为测定结果，测定结果取整数。

3. 玉米质量等级的确定

根据以上测定结果，确定所选饲料玉米的等级并完成表 5-3。

表 5-3　不同玉米品种的质量等级

品种	容重/（g/L）	不完善粒含量/%	霉变粒含量/%	杂质含量/%	水分含量/%	色泽、气味	归属等级
1							
2							
3							

五、实验作业

（1）完成实验报告。

（2）思考甜玉米、特种玉米、糯玉米与饲料玉米在质量要求方面有哪些差异？

实验四　不同等级烟叶外观质量的判定

一、实验目的

（1）了解烟叶外观质量包含的内容。

（2）掌握不同等级烟叶外观质量的判定方法。

二、材料及用具

材料：不同等级的烘烤后烟叶，烟草四十二级国家标准资料。

用具：钢卷尺、记录本、铅笔。

三、实验内容说明

烟叶收购时，常采用划分等级的方法来评价烟叶的外观质量。

烟叶的外观质量即一般分级的依据，是指人们感官可以作出判断的外在质量因素。

目前，各国仍以眼观、手摸、鼻闻等经验性方法，对烟叶部位、颜色、成熟度、叶片结构、身份、色度、宽度、长度、残伤和破损等外在质量因素进行感官判定，这些因素与烟叶质量都有密切关系。

四、实验方法与步骤

1. 部　位

不同部位的烟叶质量有着明显的差异，就烤烟而言，一株烟按五个着生位置来划分，腰叶及上二棚烟叶的质量最好，其次为下二棚、顶叶，脚叶最差。分清部位就把不同性质、不同质量档次的烟叶大体上分开。目前，大部分国家的烟叶分级标准，都把部位作为第一组因素，先以部位分组后再分级，这样有利于分清等级，便于复烤加工和进行烟制品配方。烟叶部位按照着生位置分为上部叶（B）、中部叶（C）和下部叶（X）。

2. 颜　色

烟叶的颜色分为柠檬黄（L）、橘黄（F）、红棕（R）、杂色（K）、微带青（V）和光滑（S）六个组，柠檬黄（L）、橘黄（F）、红棕（R）为基本色，即鲜烟叶烘烤后呈现的正常颜色。

3. 成熟度

成熟度即田间烟叶的成熟程度，是烟叶在田间发育过程中形成质量水平的反映。成熟度可分为叶片未熟（Immature）、欠熟（Unripe）、尚熟（Mature）、成熟（Ripe）、完熟（Mellow）、过熟（Over-ripe）等六个档次。

成熟是指工艺成熟，即烟叶采收和烘烤都符合成熟度的要求。特殊情况下的叶片有假熟（Premature）和生烟（Crude）两种情况。未成熟的烟叶，调制后含青度高，缺乏光泽，组织粗糙，有青杂气，吃味不佳。

（1）成熟烟叶的外观特征。

田间采收的烟叶成熟时，其外观特征一般包括：叶片颜色转为黄绿色，叶表面有部分的茸毛脱落，烟叶主脉变成白色，叶尖边缘和叶身下垂，茎叶的角度增大。

（2）不同部位的成熟标准。

① 下部叶。

烟叶生长条件较差，成熟期较短，提早落黄，叶片较薄，水分含量高，叶片黄绿，主脉三分之一变白而弯曲，茸毛部分脱落。下部烟叶适当提早采收，不仅能够保证烟叶的质量，还能增加田间的通风透光条件，提高中上部叶的质量。

② 中部叶。

叶片厚薄适中，呈浅黄色，主脉二分之一变白而弯曲，叶尖叶缘下垂。

③ 上部叶。

成熟时间较长，叶片厚，主脉全部变白发亮，叶片落黄，上二棚叶呈现出黄斑；顶叶的叶面呈凹凸不平的黄斑皱褶。

4. 烟叶的组织结构

叶片组织结构是指烟叶细胞排列的紧密程度，一般划分为疏松、稍疏松、稍密、紧密等档次。疏松、稍疏松的烟叶质量好，稍密、紧密者次之。烟叶组织结构与部位、成熟度有密切关系，并有一定的规律性。部位下松上密，成熟度好的松、疏松，成熟度差的密、紧密。

5. 烟叶身份

身份指烟叶的厚薄、组织构造密度状态，即叶肉细胞的大小及其排列的疏松程度。根据烟叶的厚薄、密度状态，结合人感官可觉察到的差异幅度，将烟叶身份分为适中、稍厚、稍薄、厚、薄。通常厚度适中的烟叶质量油分多、弹性强、香味好；过薄、过厚的烟叶质量差，过薄的烟叶虽然填充性强，但往往色淡，吸食少香而无味；过厚的烟叶往往油分差、弹性小，吸食时劲头大、杂气重、刺激性强。

6. 烟叶长宽度

烟叶长宽度也是判断质量的一个因素。一般叶片大的烟叶生长期间营养丰富，发育完全，可达到充分成熟，组织结构疏松，质量高；叶片小的烟叶不是因施肥不足，就是因田间管理不善，而使烟叶生长营养不良，发育不好，不可能充分成熟，质量不高。

烟叶的大小因烟草的类型而不同。目前，云南烤烟叶片的大小要求：下部叶长 50 ~ 60 cm，宽 28（1+10%）cm；中部叶长 65 ~ 75 cm，宽 25（1+10%）cm；上部叶长 45 ~ 55 cm，宽 18（1+10%）cm。

7. 烟叶的残伤与破损

残伤：指烟叶残缺不全或受机械挤压，未能保持烟叶固有的完整性。

破损：指烟叶损缺一部分，失去了完整性。

五、观察结果记载

根据所提供的烟叶样品，判定其相应的外观品质并进行描述，初步确定其等级并填写表5-4。

表 5-4　不同烟叶样品外观质量及等级鉴定

样品编号	部位	颜色	组织结构	身份	烟叶长宽	破损及残伤/%	烟叶等级
1							
2							
3							
4							
5							
6							
7							
8							
9							
10							
11							
12							

六、实验作业

（1）完成烟叶样品的分级并填写完成烟叶等级鉴定表。

（2）思考国家标准《烤烟》（GB 2635—992）在执行中存在的问题并提出相应的对策。

实验五　甘蔗工艺成熟度的鉴定及测产

一、实验目的

（1）了解经济作物中工艺成熟度的含义及重要意义。
（2）掌握甘蔗工艺成熟度的鉴定方法。
（3）掌握甘蔗产量的预测方法。

二、材料及用具

材料：收获前的蔗田，甘蔗植株。

用具：钢卷尺、记录本、游标卡尺、手持式折光仪（锤度计）、中型电子天平（1 ~ 30 kg，精确到 1 g）、压蔗钳、纱布、蒸馏水、铅笔等。

三、实验内容说明

甘蔗是我国重要的糖料作物，是制糖业最重要的材料来源。甘蔗含糖量的高低，与甘蔗的成熟度直接相关，未成熟的甘蔗含糖量低，过熟的甘蔗，由于糖分分解，其含糖量也逐渐降低，因此，含糖量是鉴定甘蔗成熟度的重要指标。甘蔗未熟或过熟均很大程度上影响甘蔗的利用效率，降低种植户的经济收益。甘蔗达到工艺成熟时是最佳含糖量时期，工艺成熟是判断甘蔗是否适时收获的重要依据。

测定甘蔗成熟度的方法，目前主要有田间蔗汁锤度的测定和采样进行糖分分析等。最方便的办法即是用手持式折光仪进行蔗汁锤度的测定，在生产中常用蔗汁锤度和钻汁锤度比作为衡量工艺成熟的指标。

四、实验方法与步骤

1. 甘蔗工艺成熟度的鉴定

（1）蔗汁锤度的测定。

蔗糖锤度是指蔗汁中固溶物质（含糖分、钙盐及其他可溶性物质）的重量占蔗汁重量的百分比，它包括蔗糖分在内的溶于蔗汁中的所有可溶性物质，因此它不是蔗糖分的真实值，但蔗汁锤度与蔗汁的蔗糖分含量相关，因此可以通过测定蔗汁的锤度来衡量甘蔗的成熟度。

$$\text{蔗汁锤度}=\frac{\text{蔗汁总固溶物重量}}{\text{蔗汁重量}}\times 100\%$$

① 取汁。

田块内随机选择有代表性的外观成熟状态的甘蔗植株，分为上、中、下三节，分别将上、中、下三节放入压蔗钳内，榨出蔗汁。

② 折光仪校正。

打开折光仪盖板，滴 1 ~ 2 滴蒸馏水在棱镜上，盖上盖板，观察明暗分界线是否在零位，如果不在，转动目镜调节手轮，使分界线与零位对齐。

③ 锤度测定。

用擦镜纸将棱镜上的蒸馏水擦干，分别取上、中、下节甘蔗汁液 1 ~ 2 滴至棱镜上，使溶液均匀分布在棱镜表面，盖上盖子，以免水分蒸发。在自然光下观察，调节目镜调节手轮至视野中明暗交界处达到清晰时进行读数，读取的数值代表蔗汁中干物质的百分率，是可溶性物质的总浓度。

注意：每次测定不同蔗汁时，用被测蔗汁清洗折光仪，不能用其他液体冲洗以避免浓度变化。

分上、中、下部位测定的锤度求平均值可得整个蔗茎的平均锤度，可利用经验公式计算出蔗茎的糖分含量（见表 5-5）。此法测定的结果不够准确，但在实际生产中不失为一种快速判断甘蔗成熟度的方法。

表 5-5　甘蔗锤度与蔗糖含量的关系

蔗糖分（%）=锤度 × 1.025−7.703	
锤度	蔗糖分/%
18	10.747
20	12.797
22	14.847

（2）锤度比的测定。

蔗茎一般是从下往上的顺序成熟，判断蔗茎的成熟度更准确的是用锤度比，在蔗茎的上下部节间分别钻孔取汁，进行锤度的测定，计算锤度比。

甘蔗工艺成熟的分级标准如下：

比值 0.65 以下（蔗糖分 9%以下）：甘蔗未成熟，蔗汁质量低劣；

比值 0.65 ~ 0.79（蔗糖分 9% ~ 10.99%）：甘蔗开始成熟，蔗汁质量不好；

比值 0.80 ~ 0.89（蔗糖分 11% ~ 12.99%）：甘蔗逐渐成熟，蔗汁质量尚好；

比值 0.90 ~ 0.94（蔗糖分 12% ~ 14%）：甘蔗适熟熟，蔗汁质量好（称为初熟期）；

比值 0.95 ~ 1.00（蔗糖分 14%以上）：甘蔗晚熟，蔗汁质量很好（称为全熟期）；

比值 1.00 以上（蔗糖分 12% ~ 14%）：甘蔗过熟，蔗汁质量好（称为过熟期，俗称“退糖”）。

甘蔗的工艺成熟期是指：田间锤度比=蔗茎上部节间锤度/基部节间锤度，比值处于 0.9 ~ 1.0。

2. 甘蔗测产

（1）单位面积内有效蔗茎数。

甘蔗收获前，在测产田块内对角线取 5 个点，每个点的面积 3 ~ 5 m^2，测定出每个点的长宽，计算出观测点的具体面积，计数观测点内有效蔗茎数。计算平均单位面积上的有效茎数（有效茎数/m^2）。

在每个观测点内选取有代表性蔗茎，按原料甘蔗收货标准砍下称重，计算平均值，得到平均单茎重（kg）。

利用以下公式估算亩产：

亩有效茎数=单位面积上的有效茎数×667

每亩产蔗量(kg) = 亩有效茎数×平均单茎重

五、观察结果记载

根据所提供的烟叶样品，判定其相应的外观品质并进行描述，初步确定其等级并填写表 5-6。

表 5-6　甘蔗成熟度记录表

品种：　　地块：

重复次数	上部锤度	中部锤度	下部锤度	锤度比	平均锤度	成熟度
重复 1						
重复 2						
重复 3						
⋮						

六、实验作业

（1）根据甘蔗锤度测量结果，计算并完成甘蔗成熟度记录表。

（2）思考影响甘蔗锤度测量的因素，锤度测量中及测产中应注意哪些问题。

实验六　全自动间断化学分析仪测定不同品种大豆蛋白质含量

一、实验目的

（1）了解大豆不同品种蛋白质含量的多少。
（2）了解常规实验方法与此方法的不同。
（3）掌握 Smartchem140 全自动间断化学分析仪法测定不同品种大豆蛋白质含量。

二、材料及用具

Smartchem140 全自动间断化学分析仪、大豆、粉碎机、40 目分样筛、标准牛血清蛋白、95%乙醇、85%磷酸、考马斯亮蓝 G-250（上海国药货号 71011284，CAS 号：6104-58-1）、滤纸、震荡机（超声波清洗器）、烧杯、量筒、锥形瓶。

三、实验内容说明

不同大豆品种蛋白质含量不同，通常大豆籽粒中含有 40% 蛋白质，想要准确计算出不同大豆品种蛋白质含量，需要掌握准确性高的测定蛋白质含量的方法。

检测大豆蛋白质含量的方法多种多样，常规实验方法容易受日常操作误差影响实验数据准确性，通过全自动间断化学分析仪可以节省实验时间，提高效率，减小实验误差；对于日常实验，可同时进行 64 个不同品种大豆样品同时检测，节省实验室成本，并提高数据准确性，为培育高品质大豆提供依据。

四、实验方法与步骤

1. 实验原理

考马斯亮蓝 G-250 染料，在酸性溶液中与蛋白质结合，使染料的最大吸收峰（lmax）的位置，由 465 nm 变为 595 nm，溶液的颜色也由棕黑色变为蓝色。蛋白质-色素结合物在 595 nm 波长下有最大光吸收。其光吸收值与蛋白质含量成正比。

2. 样品制备

称取通过 40 目筛的风干植物土样 1.0000 g（精确至 0.0001 g）置于 100 mL 锥形瓶中，加入 100 mL 蒸馏水，加塞，放在振荡机 150 转上振荡 30 min。用慢速滤纸过滤。考马斯亮蓝储备液：称取 0.35 g 考马斯亮蓝 G-250（上海国药货号 71011284，CAS 号：6104-58-1），溶解于 100 mL95%乙醇中，然后加入 200 mL85%磷酸摇匀，4 ℃避光保存。

3. **实验步骤**

（1）试剂准备。

① 试剂为蒸馏水。

② 试剂（考马斯亮蓝染液）：移取 30 mL 考马斯亮蓝储备液加入 15 mL95%乙醇和 30 mL 85%磷酸，用蒸馏水定容至 500 mL。（需要提前一天配置好，4 ℃避光保存，第二天使用之前过滤后使用）。样品准备：所测大豆样品需要提前粉碎，称取 1.000 g 溶于 100 mL 蒸馏水，放置振荡机 30 min 充分混匀后，用慢速滤纸过滤，得到样品。母液配制与考马斯亮蓝 G-250 法一致。洗液准备：在使用该机器之前应确保四个进液桶（针洗液、比色皿清洗液、蒸馏水）不低于最低刻度线，不超过最大容量；提前按照要求配制好针洗液与比色皿清洗液；保证机器运行中可正常清洗，实验正常运行（当洗液低于最低刻度线时，机器会发出警报，停止运行）。

（2）联机准备。

将 Smartchem140 全自动间断化学分析仪开机预热半小时后打开联机电脑，登录账号密码，待机器与联机电脑稳定相连（界面左下方显示 Standly），点击菜单界面中的 REST 重置键，待机器归为原位，并且没有问题，可使机器所有对应显示界面为绿色，返回参数设置界面设置参数。

（3）参数设置。

蛋白质测量范围为 0 ~ 0.2 g/L 蛋白质；滤光片（Filter）为 1：590 nm；样品量为 20 uL；试剂 A（蒸馏水）220 uL；取 A 试剂反应后延迟 50 秒读数；之后取试剂 B（考马斯亮蓝溶液）228 uL；取 B 试剂反应后 600 秒读数；母液（标准牛血清蛋白溶液）浓度为 0.2 g/L（见图 5-1）。参数设置好后，将此方法列入机器今天运行计划中保存。

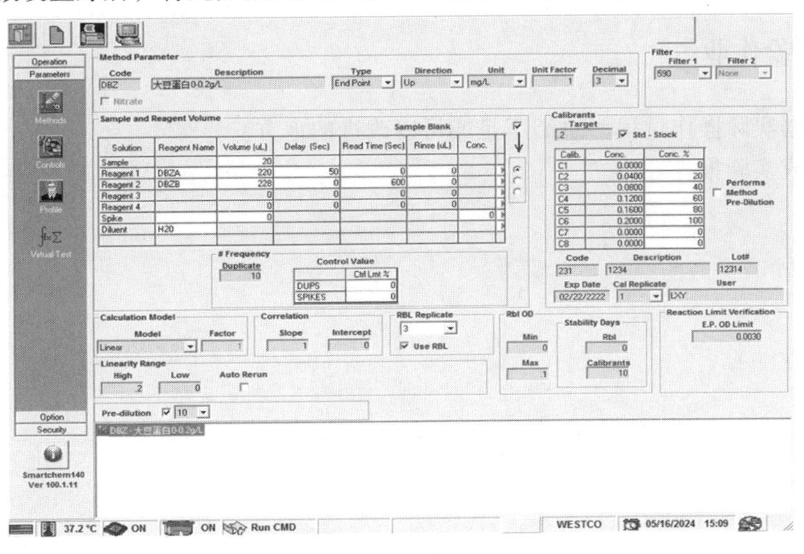

图 5-1　参数设置

（4）放置样品与试剂。

将提前处理好的样品大豆按照顺序从 A1 开始放置在样品测试圈（样品测试圈为最外圈），试剂放置在试剂圈（母液放置在试剂最后；试剂圈在第二圈中等大小），最内圈放置空杯；放置好后，点击绿色按钮运行实验；当天第一次使用机器需要点击清洗比色皿与自动绘制标准曲线。

（5）含量测定。

通过机器计算得出样品蛋白质含量数据，汇集整理后分析。

4. 注意事项

（1）在使用 Smartchem140 全自动间断化学分析仪之前应该认真学习教学视频，避免在使用全英文版本时因操作失误而使机器出现故障；在运行之前应先将机器预热半小时后，打开联机电脑启动机器，待机器与联机电脑稳定连接后点右下角菜单栏重置机器。

（2）在使用该机器之前应确保三个进液桶（针洗液、比色皿清洗液、蒸馏水）不低于最低刻度线，不超过最大容量；提前按照要求配制好针洗液与比色皿清洗液；保证机器运行中可正常清洗，实验正常运行（当洗液低于最低刻度线时，机器会发出警报，停止运行）；每一次当天运行仪器的第一次都应清洗比色皿。

（3）在放置样品与试剂时，应注意放置的容量，不可超过最高刻度线，也不能低于最低刻度线；注意空杯的清洁度与样品放置顺序，应从 A1 开始按顺序放置，不可隔空或乱放，若不按照要求放置，则会导致机器实验运行过程中断，应对照联机电脑查看不合格样品杯，调整好后继续运行；不可混用试剂杯、母液杯、空杯。

（4）注意 Smartchem140 全自动间断化学分析仪的机械臂，不可多次重置机器程序，会导致机械臂卡住后机器损坏，不能正常运行实验；在机器臂出现问题后不能随意点任何开关键，应及时联系工程师询问解决方法，不能随意拆开机器手臂盖子自行调整，高精度仪器不能轻易更改位置与程序，不能频繁开关机，错误操作都将会导致机器受损。

五、实验作业

（1）根据实际操作过程，总结不足或可以改进的地方。

（2）完成实验报告。

第六章

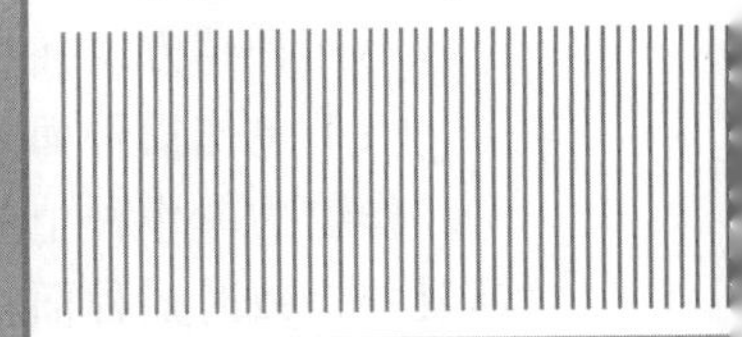

作物布局与种植制度

实验一　复种指数的计算

一、实验目的

1. 掌握复种指数的含义及其重要意义。
2. 掌握复种指数的计算方法并能熟练进行复种指数的计算。

二、材料及用具

计算器、草稿纸，种植数据资料。

三、实验内容说明

复种指数，又叫种植指数，是指耕地上全年内农作物的总播种面积与耕地面积之比；是反映耕地利用程度的指标，用百分数表示。复种指数的高低受当地热量、土壤、水分、肥料、劳力和科学技术水平等条件的制约。热量条件好、无霜期长、总积温高、水分充足是提高复种指数的基础。经济发达和农业科学技术水平高，则为复种指数的提高创造了条件。复种指数与种植制度有重要的联系。

四、实验方法与步骤

1. 调查对象生产单位的确定

根据实际需要，确定好要调查复种指数的生产单位，生产单位可以是一块地，一户农户，一个农场，一个镇、县、市，甚至更大等。

2. 调查该生产单位的种植制度

包括作物组成、作物布局、种植方式、熟制等，如种植哪些作物，一年种植几茬，是否间、混、套作，不同作物间、混、套作各自的种植面积、生育期等。

3. 复种指数计算方式

复种指数计算公式：复种指数=全年播种（或移栽）作物的总面积÷耕地总面积×100%。

不同种植方式播种面积的计算方式不同。

（1）单作播种面积。

作物为单作种植的，累计计算作物单作面积。如某地块仅播种了一种作物 20 亩，则计算复种指数时播种面积按照 20 亩纳入计算。

（2）间、混作播种面积。

作物为间、混作的，不论间、混了几种作物，播种面积为播种这几种作物的实际地块面积，如某地块面积为 20 亩，间、混作了 3 种作物，则计算复种指数时，以该地块的播种面积 20 亩纳入复种面积计算，即间、混作不增加复种指数。

（3）套作播种面积。

若某地块采用了套作方式进行种植，则需用加权法计算播种面积。如玉米套种大豆，计算方法如下：

① 先确定套种的行距和株距，以及主作物和副作物的面积占比。

② 在同一地块上，将主作物和副作物各自的面积分别测量出来。

③ 计算出主作物和副作物各自的面积，然后按照其面积占比进行加权平均，得出整个地块的播种面积。

例如：在一块地上，按照 1∶3 的比例种植了大豆和玉米，主作物大豆的行距是 50 cm，株距是 20 cm，副作物玉米的行距是 75 cm，株距是 30 cm，则在大豆成熟后，测量出大豆和玉米各自的面积分别是 2 000 m^2 和 6 000 m^2，那么该地块的播种总面积为（2 000×1+6 000×3）/4=5 250 m^2。

生产单位全年播种面积为以上几种播种面积的总和。

五、计算过程与结果

某生产单位有耕地面积 120 亩，种植安排如表 6-1，请计算该生产单位该年的复种指数。

表 6-1　××生产单位 2021 年作物种植安排

<table>
<tr><th rowspan="2">地块</th><th rowspan="2">面积/亩</th><th colspan="12">种植作物情况</th></tr>
<tr><th>种植月份</th><th>作物种类</th><th>种植方式</th><th>面积/亩</th><th>种植月份</th><th>作物种类</th><th>种植方式</th><th>面积/亩</th><th>种植月份</th><th>作物种类</th><th>种植方式</th><th>面积/亩</th></tr>
<tr><td>1</td><td>37 亩</td><td>1—8 月</td><td>玉米</td><td>单作</td><td>35 亩</td><td>8—10 月</td><td>白菜</td><td>单作</td><td>20 亩</td><td>10—12 月</td><td>小麦</td><td>单作</td><td>35 亩</td></tr>
<tr><td rowspan="2">2</td><td rowspan="2">16 亩</td><td colspan="3">种植月份</td><td colspan="3">作物种类</td><td colspan="3">种植方式</td><td colspan="3">种植面积</td></tr>
<tr><td colspan="3">1—12 月</td><td colspan="3">饲料、绿肥</td><td colspan="3">混作</td><td colspan="3">16 亩</td></tr>
<tr><td rowspan="2">3</td><td rowspan="2">67 亩</td><td>种植月份</td><td>作物种类</td><td colspan="3">种植方式</td><td>种植面积</td><td>种植月份</td><td colspan="2">作物种类</td><td colspan="2">种植方式</td><td>种植面积</td></tr>
<tr><td>1—9 月</td><td>玉米
大豆</td><td colspan="3">2 行玉米、5 行大豆套作，玉米株行距 30 cm×75 cm，大豆株行距 20 cm×50 cm</td><td>55 亩</td><td>9—12 月</td><td colspan="2">油菜</td><td colspan="2">单作</td><td>67 亩</td></tr>
</table>

六、实验作业

（1）完成复种指数的计算。

（2）讨论复种指数的意义及其在生产实际中的重要作用。

（3）讨论提高复种指数的方法及重要性。

实验二　土地当量比的计算

一、实验目的

（1）掌握土地当量比的含义及其重要意义。

（2）掌握土地当量比的计算方法并能熟练应用。

二、材料及用具

计算器、草稿纸、种植数据资料。

三、实验内容说明

土地当量比是指同一农田中两种或两种以上作物间混套作时的收益与各个作物单作时的收益之比，是衡量间混作比单作增产程度的一项指标，是衡量土地利用率的重要指标，为提高土地利用率研究提供重要参考。

土地当量比>1，表明间混套作有优势。

四、实验方法与步骤

1. 确定调查对象

根据实际需要，确定好要调查土地当量比的生产单位，生产单位可大可小，可以是一块地，一户农户，一个农场，一个镇、县、市，甚至更大等。

2. 调查该生产单位的种植制度

包括作物布局、种植方式、熟制等，如种植哪些作物，一年种植几茬，是否间混套作，不同作物间混套作的各自的种植面积、生育期等。

3. 土地当量比计算方式

采取间作、混作或套作的地块，土地当量比计算按如下方式进行计算。

LER=LERs(作物一)+LERs(作物二)+…

LERs =YP/YM

式中，LERs(作物一)、LERs(作物二)等分别表示间混套作中的不同作物的相对土地当量比。YP 为间混套作中各作物的单位面积产量，YM 为各作物单作时的单位面积产量。

五、计算过程与结果

某生产单位有耕作面积 120 亩，不同种植模式产量情况如表 6-2 所示，请依此计算出该生产单位该年不同种植模式的土地当量比。

表 6-2　××生产单位 2022 年不同种植方式产量情况

种植模式	作物种类	产量/（kg/hm²）	作物种类	产量/（kg/hm²）	备注
单作	玉米	8 218	马铃薯	21 456	
	小麦	6 124	豌豆	3 216	
	蚕豆	3 768	油菜	2 763	
间作	小麦	4 864	蚕豆	2 673	
混作	小麦	4 234	豌豆	1 937	
套作	玉米	5 364	马铃薯	16 478	

请依据表 6-2 的相关数据资料，计算不同种植方式的相对土地当量值及土地当量值并填入表 6-3。

表 6-3　××生产单位 2022 年不同种植方式土地当量比的计算

种植模式	作物种类	产量/（kg/hm²）	LERs	作物种类	产量/（kg/hm²）	LERs	LER
单作	玉米	8 218		马铃薯	21 456		
	小麦	6 124		豌豆	3 216		
	蚕豆	3 768		油菜	2 763		
间作	小麦	4 864		蚕豆	2 673		
混作	小麦	4 234		豌豆	1 937		
套作	玉米	5 364		马铃薯	16 478		

六、实验作业

（1）完成土地当量比的计算。

（2）讨论土地当量比的意义及其在生产实际中的重要作用。

实验三　植株配置方式及种植密度的确定

一、实验目的

（1）了解植株配置方式的含义。
（2）掌握植株配置方式的基本原则及方法。
（3）熟练掌握种植密度的确定方法。

二、材料及用具

计算器、草稿纸、种植数据资料、气候资料。

三、实验内容说明

作物的种植密度和配置方式在很大程度影响着作物群体结构，进而影响作物群体的光能利用和干物质生产。种植密度决定群体的大小，而植株配置方式则决定群体的均匀性。

种植密度是指在单位面积上按合理的种植方式种植的植株数量，一般以每亩株数来表示，密度影响群体通风透光条件、抗倒伏能力、病虫害的发生及危害程度等。密度的确定需考虑作物种类及品种、茬口、土壤肥料状况、气候因素及栽培管理水平等。

植株的配置方式通常指每一个体在群体中所占空间及形状、行间和株间距离及行向等，实质上是群体的均匀性问题，植株配置方式与种植密度具有一定的相关性，配置方式的不同可能影响种植密度。植株配置方式的确定需考虑光能利用率、土壤养分及水分利用率、农事操作的便利性等。

四、实验方法与步骤

1. 植株配置方式

植株配置方式是指大田生产中每一个个体在群体中所占的营养空间的大小及形式、行间和株间的距离等，实质上是指作物群体的均匀性问题。

（1）撒播，植株个体分布不均匀。
（2）条播，宽窄行法和等行距法等。
（3）穴播，宽行窄株法、行穴等距法、宽窄行法等。

宽行窄株法和行穴等距法行距均相同；宽窄行法行与行之间的距离不等，通常是一行宽、一行窄相间排列。宽行，便于机械耕作和田间操作；窄行内耕作管理麻烦，窄行间用于开沟排灌。

2. 种植密度的确定

（1）分析作物种类。

根据作物种类初步确定种植密度，需要考虑作物分蘖能力的强弱、作物株型等，参考同种作物多年种植经验决定。如烤烟，种植密度为 1 000 ~ 1 300 株/亩。

（2）分析品种类型。

根据作物的品种类型调整种植密度，早熟品种通常生育期较短，植株个体较小，种植密度应稍大，晚熟品种生育期长，个体较大，种植密度要减小；紧凑型玉米种植密度大于平展型。

（3）确定栽培方式。

① 撒播；② 条播；③ 穴播或育苗栽培。

（4）种植密度的计算。

① 撒播或条播：撒播或条播的栽培密度需根据目标单产和品种单株产量确定。

种植密度=目标单产/单株产量

实际栽培用种量还要考虑出苗率、成苗率等因素。

② 穴播或育苗栽培：穴播或育苗移栽的栽培密度的确定，需要根据作物的株行距进行计算。

种植密度=单位土地面积/单株植株营养面积

单株植株营养面积根据行距是否相等计算方式如下：

等行距法：

单株植株营养面积=行距 × 株距

宽窄行法：

单株植株营养面积=（宽行距+窄行距）/2 × 株距

五、计算过程与结果

根据以上计算方法，计算出不同作物不同栽培方式的种植密度并填入表 6-4。

表 6-4　不同作物种植密度的计算

作物种类	栽培方式	植株配置方式	行距/cm	株距/cm	种植密度/（株/亩）
水稻	育苗移栽	宽行窄株法	30	20	
		行穴等距法	25	25	
		宽窄行法	宽行距 30 窄行距 20	25	
玉米	育苗移栽	宽行窄株法	60	30	
		等行距法	50	35	
		宽窄行法	宽行距 60 窄行距 30	35	
烤烟	育苗移栽	宽行窄株法	120	55	
		宽窄行法	宽行距 120 窄行距 80	60	

六、实验作业

（1）完成实验报告。

（2）思考种植密度对作物生长发育及产质量的影响。

实验四　作物种类与复种方式的确定

一、实验目的

（1）了解种植制度的概念及含义，通过实验了解种植制度的重要性。

（2）掌握各作物生态适应性及所规划地区自然、生态条件。

（3）运用所掌握的生态学、栽培学与耕作学知识，学会分析复种方式，确立与资源环境的关系。

二、材料及用具

（1）某县各月逐旬温度、降水、日照材料，见附录表 A7、A8。

（2）某县某村土壤类型分布图，见附图 1。

三、实验内容说明

1. 作物种类与复种方式确定的基本原则

（1）作物与环境协调统一的原则。

不同作物生长对环境条件、生产条件的要求各有不同，不同的地区在地形、地貌、地势、气候条件、土壤状况、水量资源等方面各有特点，要保证作物产量品质、在进行作物种类的选择及复种方式的确定时，需要考虑作物与环境的协调统一，构成一个协调的生态系统，才能保证作物高产优质。

（2）可持续综合发展的原则。

充分考虑利用好自然资源、发展商品生产的同时，贯穿保护自然、保护农业资源、保护农业生态系统的理念，不以掠夺资源追求短期利益为目的，注重农林牧草综合发展，促进大农业的统一协调发展。

（3）因地制宜与满足需求的原则。

既要考虑作物的生态适应性，做到因地制宜、适地适作，同时也要注重满足人民群众及社会的多种需求。充分考虑既要发展粮食作物，保证粮食安全的同时，又要发展经济作物、果品蔬菜及饲料绿肥作物的生产；既要满足需要，又要保护土地资源。

2. 作物种类与复种方式确定依据

作物种类与复种方式的确定需要以自然资源条件、社会生产力水平等为依据。

（1）热量资源。

热量是决定作物种类与复种方式的首要条件。多种作物在其系统发育中形成了对热量的不同类型要求。依据作物对热量资源要求的不同可将作物分为耐寒作物、低温作物、中温作物及喜温作物，它们对温度的要求如附录表 A9。

某作物在此地能否种植，首先取决于当地生长季内的积温状况。当一个生长季内的积温除能满足一茬作物需要（考虑一定的保证率，一般为80%以上）尚有剩余时，就可考虑复种。复种形式可根据热量及其他条件采取一年两熟、二年三熟等熟制类型。根据条件可采取套作复种或平作复种。以冬小麦为前茬的平作复种需≥0 ℃积温，见附录表A10。

（2）水分。

水分是影响作物配置的主要因素，根据作物的生物学特性及需水系数可将其分为喜水作物与耐旱作物两大类。各类作物的蒸腾系数及需水特性见附表11。

但应注意，同一作物的产量水平不同，需水系数有变化。另外，一个作物对干旱及涝渍的忍耐程度也反映了它的需水特性。

根据作物的需水特性，查明当地自然降水、水分分布及地上地下供水对作物各生育期需水的满足程度（变率和保证率），以此来确定当地的主导作物和次级作物。

（3）土壤状况。

土壤是作物生长的基质，是水肥气热的提供者，它综合反映着气候和地力条件。如果说热量和水分决定着作物种植的地带和区域，那么在同一地带或地区内的不同生态区，究竟种哪些作物及各作物间的比例如何，则在很大程度上取决于土壤，特别是土壤的质地、沙黏、酸碱度、盐分及地力等。不同作物对土壤有不同的要求，如甘薯、豆类、花生等适宜种于地势高燥、通透性较好的沙质土壤上。而小麦、玉米、高粱则宜种于肥力较高的壤质、黏壤质土壤上，有的作物对瘠薄、盐碱等特种土壤有较好的适应性。各种作物对土壤的要求见附录表A12。另外，地形和农田微地貌也影响作物布局，应一并考虑。

（4）社会生产力条件。

社会生产力条件是作物种类选择及复种方式确定的重要指标，当地的生产力水平，如劳动力、机械力、能源、公共资源设施设备、农民生产技术水平等都是重要影响因素。

四、实验方法与步骤

（1）调查了解本地区的自然条件、生产及社会经济条件。

① 气候条件：包括各农业界限的积温，一年内的温度变化及年均温。年极端温度及日期，年初终霜及年无霜期；年降水分布及降水量，空气温度及蒸降比，日照风力资料，冷冻、旱涝及干热风、冰雹等灾害性天气的发生规律。

② 土壤条件：包括地形、地势、地貌、土壤种类及土壤肥力，各种作物的生产性能等，绘制1∶（2 000～4 000）的土壤类型分布图。

③ 水文资料：地上、地下水源，水质，水位，年地下水开采量及最大可开采量。

④ 生产条件：这里主要是考虑农业生产条件对土壤肥力及环境的改善对作物的影响，包括每亩耕地可灌水、施肥数量，农业机械的作用程度，人力，畜力等条件。

⑤ 作物条件：当地作物布局的演变历史，历年各作物产量，各作物对当地灾害性气候的反应。通过上述分析可初步评价原有作物在当地的生态适应性，为后续工作奠定基础。

⑥ 当地多年生产经验、种植习惯、农民生产技术水平等。

（2）根据确定作物类型与复种方式的原则，依据当地的热量、水分、土壤及生产等条件拟定当地的作物种类及确定作物的复种方式，并给予相应的评述。

五、实验作业

（1）请根据所给资料拟定当地作物组成及复种方式，并给予相应的评述。

（2）思考适宜的作物种类及复种方式对当地产业发展、经济建设的重要性。

实验五　轮作制度设计

一、实验目的

（1）了解轮作制度设计的基本原则。
（2）掌握轮作制度设计的基本原理与方法。
（3）利用现有相关资料进行轮作制度设计。

二、材料及用具

现有相关生产单位生产资料、铅笔、绘图工具、白纸。

三、实验内容说明

合理地实行轮作，可以有效地改善土壤理化性状，增加生物多样性，改变农田生态环境，减少连作危害和土传病害的发生，有效减少虫害，降低土壤毒害作用，提高土壤微生物的多样性，促进微生物活动，降低土壤营养元素偏耗引起的产质量降低，提高肥料利用率，促进土壤生产潜力的发挥。

实验在确定了某个生产单位作物种类及复种方式的基础上，进一步拟定其轮作制度并进行可行性论证。

四、实验方法与步骤

1. 资料收集

收集本地区的自然条件、生产及社会经济条件，作物组成及复种方式，多年生产经验，新品种引种情况及表现。

2. 划分轮作类型，确定轮作区面积、轮作区内作物布局

根据本单位的土壤状况和各地块作物生产性能，确定各地块所应采取的轮作类型，是旱地轮作还是水旱轮作，是单作轮作还是复种轮作。再根据本单位生产要求——市场和生产者对农、副产品的要求，考虑既能充分利用又能积极地保护土地资源，确定各轮作区的作物类型和比例。

3. 确定轮作田区面积、数目和轮作年限

在每个轮作区内划分出若干个轮作田区，每个轮作田区内的作物较单纯，一般一种或两种。轮作田区是田间农事活动的基本单位。

轮作田区的面积应根据地形、地势及灌水、机械作业等条件确定。一般讲，每田区面积

可取轮作区内各作物种植面积的最大公约数。若某些作物种植过少而特性又相似，可以与其他作物组成复区或进行间混种植。在生产上，田区面积一般小的不小于30亩，大的可达80～100亩。田区面积确定后，轮作区面积除以田区面积即为轮作田区数，轮作年限一般与轮作田区数相等。

轮作田区方向一般平地可按原方向，考虑运输、耕作的方便，坡地应等高设置，风沙地带应与主风向垂直。

4. 确定轮作方式

根据作物种类及种植区气候、水分、生产条件及市场需求等，确定轮作的形式。

（1）单一作物年间轮作。

例如，一年一熟区的大豆→小麦→玉米三年轮作。

（2）复种轮作。

① 换茬式（不定区）轮作：作物组成、轮换顺序、年限等都比较灵活。换茬的时限比较严格，但没有地块的轮换。

② 定区轮作：将地块分作若干个轮作田区，每个轮作田区按照预定的作物轮换顺序逐年轮作不同的作物。

表6-5所示为某地三年定区轮作示意。

表6-5　某地三年定区轮作情况

轮作田区	第一年	第二年	第三年
1	豆类	块根块茎类	十字花科类
2	块根块茎类	十字花科类	豆类
3	十字花科类	豆类	块根块茎类

年内不同复种方式组成的复种轮作，如南方的绿肥—水稻—水稻→油菜—水稻—水稻→小麦—水稻—水稻三年粮油肥复种轮作。

春玉米→小麦-花生→春玉米（两年三熟，两年一轮）；

小麦-水稻→小麦-水稻→蚕豆-水稻（一年两熟，三年一轮）；

小麦-水稻→大麦-棉花→小麦-水稻（一年两熟，两年一轮）等。

5. 确定各轮作区内作物轮换顺序，列出轮作周期表

确定轮作中的作物轮作顺序，首先要了解各种作物对土壤肥力的要求以及对土壤的影响。作物对土壤的影响一方面取决于作物本身的生物学特性，另一方面取决于其生育期间所进行的农业技术措施。其中主要是土壤耕作、施肥和灌水。安排作物的轮作顺序时应尽量把施肥多的作物与施肥少的作物，直根系作物与须根系作物、豆科作物与禾本科作物轮换种植。将感染杂草作物与抑制杂草作物、感病作物（及品种）与抗病作物（及品种）间隔种植。

在安排轮作顺序时，也需考虑前后作物的生育期衔接，如果间隔太长会造成土地浪费。但短期休闲也有一定意义，要据地力状况而定。对前后衔接过紧的作物，可采用套种或育苗移栽等。

作物轮作顺序确定后列出轮作周期表。所谓轮作周期表就是一个轮作中各轮作田区每年的作物分布表。同一轮作区的各个田区，虽然以同样顺序来轮换，但是它们是以不同的作物作为循环的开始。在每一年中，各个田区所种植的作物包括该单位在一年中所要播种的全部作物，这样就保证稳定了作物布局，使各作物每年收量平衡。

6. 编写轮作计划书，绘制轮作田区规划图

将初步拟定的轮作制，经广泛吸收、征求群众意见后，经过再次修改审核，使之达到各项生产指标，并有较好的经济效益与生态效益，然后编写出轮作计划书。

为了保证轮作计划的实施，计划书还应包括相应的土壤耕作制、施肥与灌水制等其他与之配套的管理措施。

此外，还应制定轮作过渡计划，由于前作物的不同和地力的差异，各个轮作区内种植的作物往往不能立刻符合所设计轮作方案中规定种植的作物，因此需要按轮作区制定过渡轮作计划，通过适当的安排，使其有计划地、逐步地转变为新轮作所规定的各种作物，此后按计划顺序轮作。对一些特殊类型土壤及不能纳入轮作的非轮作地块，也需制定种植计划。

最后绘制轮作田区规划图。规划图的比例尺采用 1∶（2 000 ~ 4 000），绘制时要求准确无误。规划图的地块上应标明所属的轮作区，轮作田区及地块面积。要用符号标记清楚，如 50/3-Ⅱ代表此地为第三轮作区的第二轮作田区，面积为 50 亩。

五、实验作业

（1）根据附图 2——某村土地利用现状，设计该村的作物轮作制，并编写轮作计划书。

（2）计算该村作物的复种指数。

实验六　不同种植方式效益评价

一、实验目的

（1）掌握复种方式对资源利用率提升的重要性。

（2）通过实验，了解不同复种（种植）方式资源利用效益，掌握经济效益评价的基本方法。

（3）提高分析问题和解决生产实际问题的能力。

二、材料及用具

不同种植方式生产成本与效益分析资料、某地区气候条件与作物生育期资料及计算器等。

三、实验内容说明

通过对资料的分析和计算，评价地区的资源利用率、产量效益、经济效益及生态效益等。

通过对一个地区不同种植模式的综合效益分析，可以了解该地区的优势条件和劣势条件、资源利用情况、生产潜力等；为进一步发挥当地的有利因素，挖掘潜在资源，提高转化效率，进而为达到高产、稳产、优质、低成本的目的提供依据。

四、实验方法与步骤

1. 资源利用率

评价资源利用率的主要指标及计算方法包括：

（1）产量效益。产量效益是指一种耕作制度或种植方式所生产的目标产品的数量与质量。通常用经济产量、生物产量、蛋白质产量、能量产量等指标表示，计算公式为

$$\text{经济产量}=\frac{\text{目标产品总量（kg）}}{\text{总耕地面积（亩）}}$$

$$\text{生物产量}=\frac{\text{干物质总量（kg）}}{\text{总耕地面积（亩）}}$$

（2）光能利用率。光能利用率（亦称太阳辐射能利用率）表示单位时间（年、生长期或小时等）单位面积上植物有机干物质所积累的能量与同期投入该面积上的太阳辐射能（或光合有效辐射能）之比。它是光合面积、光合时间、光合速率的综合反映。

$$E\%=\frac{\Delta W\cdot H}{\Sigma Q}\times 100\%$$

式中　ΔW——单位土地面积干物质增加量。

H——单位干物质的产热率，一般碳水化合物为 4 250 cal/kg，粗脂肪为 4 000 cal/kg，

粗蛋白为 5 700 cal/kg；在作物中玉米为 4 070 cal/kg，大豆为 5 520 cal/kg，水稻为 3 750 ~ 4 300 cal/kg。

$\sum Q$——同期总辐射量，单位为 kcal/cm^3（可用辐射计测定，或用附近气象站资料）。

（3）叶日积（LAI · D）是指叶面积与其持续时间的乘积，即

$$LAI \cdot D = \sum_{i=1}^{n} \overline{LAI_i} \cdot D_i$$

式中　$LAI \cdot D$——叶日积；

LAI_i——第 i 生育阶段的平均叶面积；

D_i——第 i 生育阶段所持续的时间。

（4）热量利用率。热量利用率（$T\%$）是指某一作物或种植方式中作物生长期间的积温占全年积温（>0 ℃或>10 ℃）的百分率。它反映不同作物或不同熟制对热量的利用程度。由于对作物有效的热量指标较难测定，故一般用作物生长期的积温来代表作物所利用的热量。这种计算方法不足之处是未能考虑极端温度对作物的不利影响。

$$T\% = \frac{\Sigma ts \geqslant ℃}{\Sigma t \geqslant ℃}$$

式中　$T\%$为热量利用率；$\sum ts \geqslant$℃为生长期积温；$\sum t \geqslant$℃为全年积温。

热量利用率不能反映作物产量的高低。作物热量利用率高不一定产量也高，故采用每百度积温所生产的干物质作为辅助指标，反映作物对热量资源的利用率。

（5）水分利用率。

（6）生长期利用率（D%）是指作物（或复种方式）实际利用的生长期（Un）占作物可能生长期（通常用无霜期表示）（Dn）的百分数，即

$$D\% = \frac{Un}{Dn}$$

2. 经济效益分析

不同种植方式或作物的经济效益评价的主要指标有以下几个。

（1）成本与收益分析。

亩成本=亩物化劳动费用+活劳动费用

千克成本=亩成本/亩产量（kg）

亩产值=亩产量 × 单价

亩净产值=亩产值–物化劳动费用

亩纯收入=亩产值–物化劳动费用–活劳动费

（2）劳动生产率：单位时间所生产的农产品的数量或单位农产品所消耗的劳动时间，反映农产品数量与劳动消耗的数量关系。

$$劳动生产率 = \frac{农产品总产值}{活劳动消耗量} \qquad 劳动产值率 = \frac{农产品总产值（元）}{消耗活劳力（个）}$$

（3）资金生产率。

$$每元生产费用的产值=\frac{农产品总产值（元）}{生产费用投资总额（元）}$$

每百元资金产品率=总产品量（kg）/资金投资总额（百元）

（4）农产品商品率（有两种计算方法）。

$$农产品商品率=\frac{农产品商品量（kg）}{农产品总量（kg）}\times 100\%$$

$$农产品商品率=\frac{出售农产品收入（元）}{农产品总收入（元）}\times 100\%$$

根据以上计算方法，计算不同种植方式成本与收益情况，如表6-6所示。

表6-6 不同种植方式成本与收益分析

种植方式	面积/亩	主产品亩产/（kg/亩）	亩产值/元	物质费用/（元/亩）						活劳动费用		亩成本/（元/亩）	亩净产值/（元/亩）	亩纯收益/（元/亩）	物质成本产值率/（元/元）	总成本产值率/（元/元）	资金产值率/（元/元）	劳动生产率/（元/劳）
				种子	肥料	耕作	排灌	其他	共计	畜力费/（元/亩）	亩人工费/（元/亩）							
1																		
2																		
3																		

五、实验作业

（1）根据表6-7～表6-9所提供的资料，对三种种植方式的资源利用率与经济效益作出评价与分析。

（2）根据你所在地区的气温、降水、生长期与作物生育期等资料（自行调查获取），绘出当地原有的作物历以及改进该效益最佳种植方式后的作物历。

表6-7 三种种植制度及其产投情况

项目 种植制度	生育期/（日/月）		肥料/（kg/亩）			农药/kg	燃油/L	机械/马力	人工/日	畜工/日	种子/（kg/亩）	经济产量/（kg/亩）
	播种	成熟	农家肥	尿素	过磷酸钙							
小麦-玉米两熟制	10/10 10/6	1/6 12/9	3 000	40	40	0.51	4.85	0.8	28	3.6	10 4	400 450
小麦-夏棉两熟制	13/11 10/6	1/6 12/11	3 000	40	40	1.04	4.85	0.8	40	3.6	10 1.5	350 200
春棉花一熟制	20/4	12/11	3 000	25	40	1.20	3.95	0.6	32	2.2	1.5	275

表 6-8　三种种植制度亩投资（单位：元）

项目 种植制度	种子费	肥料费	农药费	畜力费	机械作业费	排灌费	固定资产折旧	小农具购置	农田基本建设	管理及其他	人工费
小麦-玉米两熟制	50 80	85 70	50 75	20 20	100 80	100 100	10 10	15 15	5	30 30	120 100
小麦-夏棉两熟制	50 80	85 70	50 75	20 20	100 50	100	10 10	15 15	5 5	30 30	120 150
春棉花已熟制	75	80	75	20	50	100	10	15	5	30	150

表 6-9　各种农副产品价格（单位：元/kg）

作物 产品	小麦	玉米	棉花	备注
主产品	2.6	2.5	12	籽粒和皮棉
副产品	0.5	0.55	0.5	秸秆和棉籽

实验七　不同种植制度农田养分和水分平衡分析

一、实验目的

（1）掌握农田土壤有机质、各营养元素及农田水分平衡的分析和估算方法。
（2）理解农田养分和水分平衡对农业生产的重要性。

二、材料及用具

不同种植方式生产成本与效益分析资料、某地区气候条件与作物生育期资料及计算器等。

三、实验内容说明

通过对资料的分析和计算，分析不同种植制度农田养分和水分的平衡情况，主要包括：
（1）农田有机质平衡；
（2）农田营养元素平衡；
（3）农田水分平衡；
（4）肥料运筹。

四、实验方法与步骤

1. 农田养分平衡分析及肥料运筹

（1）有机质平衡分析：计算一个生产单位或地块有机质积累量与消耗量的平衡值。通常用有机肥料、根茬等的投入计算积累量，土壤有机质矿化量为消耗量，计算有机质平衡值，进行平衡分析。

$$R_{(H)} = \frac{H(I)\times r}{WH\%\times R}$$

式中　$R_{(H)}$——有机质平衡值，大于1时，平衡为正，土壤有机质增加；反之，土壤有机质下降。

$H(I)$——土壤有机质重量。

r——有机质腐殖化系数（一般为0.2～0.4）。

W——耕层土壤总重量（一般按150吨/亩计）。

$H\%$——土壤有机质含量。

R——有机质矿化系数（一般在1%～3%）。

例如：一试验田面积为1亩，通过有机肥料、秸秆及根茬等施入土壤有机质为150 kg，腐殖化系数为0.3，耕层土壤为150吨，该试验地有机质含量为1%，有机质矿化率为2%，则有机质平衡值 $R_{(H)}$ 为

$$R_{(H)}=\frac{150\times0.3}{150\times1000\times0.01\times0.02}=1.5$$

② 氮磷钾及其他营养元素的平衡分析：氮磷钾元素平衡多采用简单的投入产出法，计算公式为

$$Y_i=A_{ij}X_i$$

式中　Y_i——某元素的最终输出量；

X_i——第 i 个投入项目；

A_{ij}——投入产出系数（即第 i 个项目、第 j 元素的产出）；

I——投入产出项目的数目（i=1，2，…，n）；

J——循环中所涉及元素的数目（j=1，2，…，m）。

上式可用矩阵表示为［$\boldsymbol{A}$］×［$\boldsymbol{B}$］=［$\boldsymbol{C}$］。

$$\begin{bmatrix} a_{11} & a_{12} & \cdots a_{1n} \\ a_{21} & a_{22} & \cdots a_{2n} \\ \wedge & & \\ a_{m1} & a_{m2} & \cdots a_{mn} \end{bmatrix} \times \begin{bmatrix} b_{11} & b_{12} & \cdots b_{1n} \\ b_{21} & b_{22} & \cdots b_{2n} \\ \cdots & \cdots & \cdots \\ b_{m1} & b_{m2} & \cdots b_{mn} \end{bmatrix} = \begin{bmatrix} c_{11} & c_{12} & \cdots c_{1n} \\ c_{21} & c_{22} & \cdots c_{2n} \\ \cdots & \cdots & \cdots \\ c_{m1} & c_{m2} & \cdots c_{mn} \end{bmatrix}$$

投入矩阵 $\boldsymbol{A}$=（a_{ij}）mn，系数矩阵 $\boldsymbol{B}$=（b_{ij}）nm，产出矩阵 $\boldsymbol{C}$=（cij）mn。

上式中 $\boldsymbol{A}$=（a_{ij}）mn，其中 i=1，2，…，m，表示有 m 个投入产出项目。j=1，2，…，n，表示计算 n 年的资料，如只计算一年的资料，则矩阵 $\boldsymbol{A}$ 是一个行向量。

$\boldsymbol{B}$=（b_{ij}）nm 中，i=1，2，…，n，j=1，2，…，m，表示第 i 个投入项目第 j 个元素的投入产出系数，若物质循环只考虑 N、P、K、C 四个元素，则 j=1，2，3，4。

$\boldsymbol{C}$=（cij）mn 中，i=1，2，…，m，j=1，2，…，n，表示第 i 个投入项目第 j 个元素投入或产出的数量。利用矩阵 $\boldsymbol{C}$，就可以得到某一项投入增加或减少土壤中某一元素的数量，进而进行平衡分析。

利用投入产出矩阵的方法，借助于计算机可以进行多年多个投入产出项目多个元素循环的计算。若只计算一年中某几个元素的平衡，还可用简单的表格法，如表 6-10 所示。

若某元素平衡值大于 1，表明该元素投入量大于产出量，有利于该元素在土壤的积累；若平衡值小于 1，产出量大于投入量，土壤中该元素的贮存量减少。

表 6-10　养分平衡分析表

产投项目 \ 元素		投入产出系数			投入或产出数量		
		N	P_2O_5	K_2O	N	P_2O_5	K_2O
投入项目	氮肥						
	磷肥						
	钾肥						
	有机肥						
	厩肥						

续表

产投项目 \ 元素		投入产出系数			投入或产出数量		
		N	P_2O_5	K_2O	N	P_2O_5	K_2O
投入项目	秸秆还田						
	农田杂草						
	根茬						
	自然固 N						
	豆类固 N						
	种子						
	投入总计						
产出项目	籽粒移出						
	茎叶						
	氮素反硝化						
	磷素固定						
	钾素淋洗						
	产出总计						
平衡值							

2. 农田水分效益分析

作物对水分的利用率，一般用水分利用系数（K_W）来表示。作物的水分利用系数是指一定时间（一般为一年）内单位面积上的干物质（或经济产量）与同期该面积上的水分的消耗（蒸散）量之比。它综合反映作物对土壤水分（包括各种途径进入土壤中的水分）的利用程度，即每毫米水生产多少干物质（或经济产量）。

$$K_W = \frac{P}{ET}$$

式中 K_W——水分利用系数；

P——作物的实际产量（生物或经济产量）；

ET——实际蒸散量（一般为 1 米土层）。

ET 的计算公式为

$$ET = W_0 + R + U + I - G - W_1$$

式中 W_0，W_1——分别为一定时期内 1 m 土层内作物播前和收获后的土壤水分贮量；

I——人工灌水量；

R——同期的降水量；

U——地下水补给量（地下水位在 3 m 以下时，U 可忽略不计）；

G——水分损失量（包括径流与渗漏），与多种因素有关，如降水前的土壤含水量（M）、土壤质地[通透性（P）和田间持水量（C）]、降水量（R）、降雨强度（i）、地面坡度（V）和降雨期间的蒸发量（ET'）等。

若地势平坦，土壤为轻壤至中壤，且有田埂，可以不考虑径流、坡度、土壤通透性和降雨强度的影响，则 G 只与下列因素有关：

$$G=M+R-C-ET'\ (G\geqslant 0)$$

式中 M——降雨前 1 m 土层中水分贮存量；

R——一次降雨过程的降水量；

C——田间持水量；

ET'——降雨期间的蒸发量，根据前一阶段的日平均蒸散量近似求得。

为了简便起见，在生产上水分利用率常用单位面积产量与供水量之比来表示。

$$\text{水分利用率}(\%)=\frac{\text{亩产量(kg)}}{\text{亩供水量（降水量+灌溉量）(mm)}}$$

五、实验作业

（1）某生产单位某年作物种植及产量情况、肥料使用情况如表 6-11、表 6-12 所示。该生产单位土壤有机质含量 1%，有机质矿化率为 2%。

表 6-11 作物种植及产量记录

作物种类	种植面积/亩	单产/（kg/亩）	备注
白菜	38	3 000	
油菜	74	170	
小麦	128	380	
甘薯	183	3 000	
玉米	276	428	
水稻	312	423	
绿肥作物	123	1 500	全部还田

表 6-12 作物种植养分投入情况

养分投入项目	投入量/kg	含量				备注
		有机质含量	N	P_2O_5	K_2O	
有机肥	230 000	30%				
复合肥	70 000		15%	10%	15%	
硫酸钾	5 000				50%	
过磷酸钙	8 000			14%		
绿肥还田		12%				
30%小麦、水稻秸秆还田		45%				

（2）请根据资料粗略计算该生产单位养分利用情况，并对养分平衡情况做出评价。

（3）请进一步思考影响养分平衡的因素并进行概括总结。

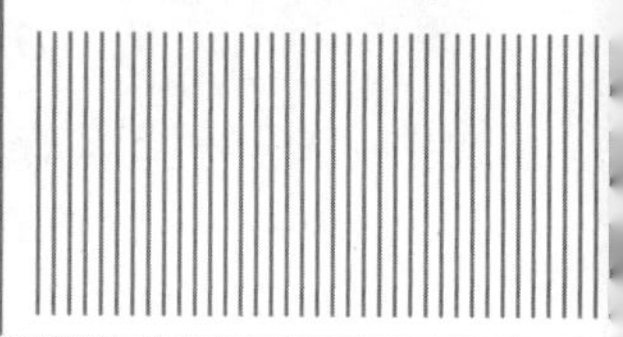

土壤管理与耕作制度

实验一　耕层构造的测定

一、实验目的

（1）了解土壤耕层构造。
（2）掌握土壤耕层构造的测定方法。

二、材料及用具

土壤硬度计、土壤环刀、切土刀、1/100 天平、钢卷尺、土铲、锤子、吸水槽、搪瓷盘、纱布、滤纸、干燥器、烘干箱、皮尺、直尺、记载表等。

三、实验内容说明

1. 土壤坚实度

当土壤硬度计的柱塞压入土壤时，可以直接显示出土壤的阻力。这个土壤阻力值是柱塞压入土壤的剪切压缩及土壤与金属摩擦的一个综合指标。土壤坚实度的测定值受柱塞的形状、锥体的角度及作用速度所制约。因此，在测定不同土壤耕作条件下各个土壤深度的土壤坚实度时，必须使用同一种仪器和测头，以利于相互比较。

2. 耕层构造

取得耕作层的原状土样，使其毛管水达到饱和，然后测定毛管水饱和状态下的含水量以及土壤容重、土壤比重，计算三相各自占有的体积。固相体积为土壤容重除以土壤比重，总孔隙度为土样总体积减固体体积，毛管孔隙度为毛管水饱和后的含水量，非毛管孔隙度为总毛管孔隙度减毛管孔隙度。

四、实验方法与步骤

1. 土壤坚实度的测定

（1）将土壤硬度计放在待测的土壤部位上，反时针摇把，使测杆上升，直至螺旋杆刻度的零线与记录盘顶端相平为止。

（2）将记录盘上的插销插入螺旋杆的螺槽中，然后用脚踏住踏板顺时针摇动摇把，即进行测定。

（3）直至螺旋杆上顶头螺针与记录盘相碰为止，再将记录笔翻到向下位置（与记录纸脱离）反向摇动摇把，使螺旋杆返回，此时一个测点的观测完成。一般每一测定部位需重复测定 3～4 次。

（4）结果计算。计算某一深度的硬度，可在曲线上找出该深度的弹簧变形量，再参照仪器标定曲线，查得测定阻力，一般应用弹簧变形量的平均值算出测点的平均阻力。

$$弹簧变形量平均值=\frac{曲线包围面积}{深度}$$

2. 耕层构造的测定

（1）室内称重。在室内将环刀及上、下盖一起称重，并连同环刀号码一块记录下来，填写在表内。把称好的环刀，包括上、下盖，锤子，切土刀，土铲等一块带至田间。

（2）室外取样。在田间选取有代表性的地段，按要求采取一定的土壤层次，取样前先铲除地面杂草，捡出石头等障碍物，不能破坏土面。在将环刀插入土壤的过程中，锤子用力要稳。然后用土铲将原状土壤一起取出。原状土壤样品取出后，用切土刀将两端多出的土柱小心削平（如在切口处有石块，则土样必须重取）。削平后盖好上、下盖，切勿震动，以免耕层构造改变。将环刀周围附着的泥土擦干净放好，并记下所取土样的土壤层次，然后再取另一层土样（注意土样的上下层次不要放错）。

（3）室内土样吸水饱和。田间取好的土样带回室内，将环刀和原状土样加上、下盖一起称重，并记下结果。

将环刀下盖取下，移放到上盖处，把环刀底部蒙上小块纱布，小心放在搪瓷盘中已裹好滤纸的吸水槽上，然后向搪瓷盘内加水，使其吸水饱和。

土壤吸水至饱和的时间因土样的高度和土壤质地的不同而异，一般可在开始吸水后的第二天或第三天开始将环刀加上下盖连同土样取出称重，每天要称重几次，直至恒重时，。即可得到毛管水分饱和的土样重，并记下重量。称重时不可使土样有任何散失。

最后将环刀（加上、下盖）与毛管水饱和的土样一起放在 105 ℃烘干箱中烘至恒重，然后放入干燥器中冷却至室温，称重，并记录下重量。测定和计算结果写入表 7-1。

表 7-1 耕层构造测定记录和计算表

土壤类别：　　采样地点：　　采样深度：　　采样日期：　　测定者：

项目	计算	Ⅰ	Ⅱ	Ⅲ
环刀号码				
环刀+盖重/g	（1）			
环刀体积/cm^3	（2）			
环刀+盖+自然湿土重/g	（3）			
环刀+盖+吸水后湿土重/g	（4）			

续表

项目	计算	Ⅰ	Ⅱ	Ⅲ
自然湿土重/g	（5）=（3）-（1）			
吸水后湿土重/g	（6）=（4）-（1）			
环刀+盖+烘干土重/g	（7）			
烘干土重/g	（8）=（7）-（1）			
自然湿土含水重/g	（9）=（5）-（8）			
吸水后湿土含水重/g	（10）=（6）-（8）			
吸水前土壤含水量/%	（11）=（9）/（8）			
吸水后土壤含水量/%	（12）=（10）/（8）			
土壤容重/（g/cm^3）	（13）			
土壤比重	（14）=2.64			
固体体积/cm^3	（15）=（13）/（14）			
总孔隙体积/cm^3	（16）=（2）-（15）			
毛管孔隙体积/cm^3	（17）=（6）-（8）			
非毛管孔隙体积/cm^3	（18）=（16）-（17）			
固相：液相：气相（以实数表示）				

（4）计算。

土壤干重（g）=（烘干土样重+环刀重）-环刀重

土壤容重（g/cm^3）=烘干土样重（g）/环刀容积（cm^3）

土壤固相体积（%）=土壤容重/土壤比重×100%

毛管水含量=环刀加吸水土样重-环刀加烘干土样重

土壤气体体积（%）=100%-固体体积（%）-液相体积（%）

五、实验作业

（1）选择两种以上不同耕法的地块，测定土壤坚实度。

（2）比较不同耕作措施对土壤耕层构造状况的影响。

实验二　农田生产潜力估算

一、实验目的

（1）了解生产要素逐步订正法。
（2）掌握农田生产潜力的估算方法。
（3）分析估算产量与实际产量的差异性及其原因

二、材料及用具

相关数据资料、计算器、草稿纸等。

三、实验内容说明

农田生产潜力指自然环境条件下农田生产能力，或者该农田内种植的作物应该实现的生产能力。影响作物生产潜力因素：一是作物遗传特性，表现为不同的作物种类和品种生产潜力不同；二是作物所处环境条件，同一作物与品种在不同的光、温、水、土、养分条件下所表现的生产潜力不同。

农田生产潜力的估算就是要根据科学实验数据，分析作物生产力形成与其生产要素光、温、水、土壤、肥料等的函数关系，然后计算假设其他诸要素完全满足时，某一要素所具有的生产潜力。例如，假设在温度、降雨、肥料、土壤等条件完全满足作物生长的条件下，某地光资源具有的潜力叫光合潜力，除光和温度以外的其他条件完全满足时的潜力叫光温生产潜力，依此进行逐步订正，每订正一次，增加一个订正因素。

四、实验方法与步骤

本实验以计算内蒙古河套地区春小麦光温生产潜力及光温水生产潜力为例，计算方法采用改进的瓦杰宁根法。

1. 光温生产潜力的计算

应用瓦杰宁根方法计算光温生产潜力，公式为

$$Y=\frac{y\cdot PE}{e_a-e_d}\times K\times CT\times CH\times G\times 1/15$$

式中：Y——光温生产潜力（kg/亩）；

y——标准作物总干物质产量（kg/hm^2 · day）；

$\frac{PE}{e_a-e_d}$——气候（湿度）订正系数；

K——作物种类订正系数；

CT——温度订正系数；

CH——收获部分订正系数（经济系数）；

G——生产期订正系数；

1/15——把单位 kg/hm^2 换算为单位 kg/亩的换算系数。

（1）标准作物总干物质产量（y）的计算。

$$y=Fy_o+(1-F)y_c$$

式中：y_o——生育期间完全阴天时，标准作物总干物质生产率（$kg/hm^2 \cdot d$）。

y_c——生育期间完全晴天时，标准作物的总干物质生产率（$kg/hm^2 \cdot d$）。

y_o、y_c 可由表 7-9 中查出。

其中，

$$F=(R_{se}-0.5R_g)/0.8R_{se}$$

式中：R_{se}——晴天最大入射有效短波辐射（$kcal/cm^2 \cdot d$），可根据站点纬度从表 7-9 中查出。

R_g——实测入射短波辐射（$kcal/cm^2 \cdot d$）。

$$R_g=(0.25+0.5n/N)R_a \times 59$$

式中：R_a——大气顶端的太阳辐射，单位用蒸发的水分毫米数表示（mm/d），可由台站的地理纬度从表 7-8 中用内插法求出；

n/N——日照百分率，见表 7-6；

59——由 R_a 的 mm/d 单位换算成 $kcal/cm^2 \cdot d$ 的单位换算系数。

根据查出的各月 R_{se}、yo、yc 和 R_a 及实测的 n/N 值分别填入表 7-2 中，并分别求出月总和（7 月则求出 20 天总和），求出生育期（1/4—20/7）总和后，求得生育期间的平均值，然后代入公式就可得 y 值。

表 7-2　标准作物干物质产量计算表

月份 / 项目	4		5		6		7		生育期内总和	生育期内平均
	月平均	月总和	月平均	月总和	月平均	月总和	月平均	月总和		
n/N/%										66
R_a/（mm/d）										
R_{se}/（$kcal/cm^2 \cdot d$）										
y_c/（kg/hm^2）										
y_o/（kg/hm^2）										
R_g/（$kcal/cm^2 \cdot d$）										
F										
y										

（2）气候影响订正系数= $\dfrac{PE}{e_a - e_d}$ 。

式中：PE——生育期间日平均可能蒸散（mm/d），如表 7-7 所示。

e_a——生育期内平均饱和水气压。由生育期间平均气温查饱和水气压表得出。根据本实验提供的各月平均气温资料计算后，得到生育期间的月平均气温为 17.5 ℃，查表得到 e_a 为 20.0 mb。

e_d——实际水气压。由饱和水气压乘以生长期间的平均相对湿度 RH（%）（表 7-6）得出并填入表 7-3 中。

表 7-3 气候影响订正值计算

月份 / 项目	4		5		6		7		生育期内总和	生育期内平均
	月平均	月总和	月平均	月总和	月平均	月总和	月平均	月总和		
t	9.4		16.9		22.0		23.8			17.5
RH/%										
PE/（mm/d）										
e_a/mb										
e_d/mb										

（3）作物种类订正值（K）：几种作物的 K 值见表 7-10。

（4）温度订正值（CT）：不同作物的 CT 值由生育期平均气温从表 7-11 中查得。

注：根据气温 17.5 ℃，作图内插后求得 CT=0.58。

（5）收获部分订正值（CH）：本实验中 CH=0.4。

（6）生育期日期（G）：1/4—20/7，共 111 天。

（7）将以上各项计算的结果进行计算，即可求得光温生产潜力 Y。

表 7-4 光温生产潜力的计算

项目	Y	$\dfrac{PE}{e_a - e_d}$	K	CT	CH	G	2/15	Y
数值								

2. 计算在自然降水条件下，小麦的气候生产潜力 YP

在计算气候生产潜力时，将小麦全生育期分为三个生育阶段：

营养生长阶段：1/4—10/5；

生殖生长阶段：11/5—20/6；

灌浆成熟阶段：21/6—20/7。

（1）计算各生育阶段的需水满足率 V。

$$V = \frac{\text{生育期间各旬实际耗水量总和}\ (ET_{\mathrm{a}})}{\text{生育期间各旬作物需水量总和}\ (ET_{\mathrm{m}})}$$

① 各旬作物需水量 ET_m（mm/旬）。

$$ET_m=KC\times PE$$

式中：PE——可能蒸散值；

KC——作物需水系数，本实验中已经给出各旬的 KC 值，见表 7-5。

表 7-5　各生育阶段 V、u 和 I_y 值计算表

月份	3			4			5			6			7	
旬	上	中	下	上	中	下	上	中	下	上	中	下	上	中
P/mm	0.8	1.1	1.5	1.9	2.9	3.7	2.4	2.3	7.9	3.7	2.6	8.8	9.2	11.2
PE/mm	20.0	24.8	29.6	38.0	43.0	48.0	59.0	62.0	67.0	67.0	68.0	69.0	67.1	65.1
KC				0.3	0.5	0.7	0.8	1.0	1.1	1.2	1.0	0.7	0.5	0.3
ET_m								62.0	73.7	80.4	68.0			
ET_a								2.3	7.9	3.7	2.6			
ST								0	0	0	0			
	生育阶段			营养生长阶段				生殖生长阶段				灌浆成熟阶段		
V								0.06						
ky				0.2				0.65				0.55		
u/%								61						
I_y/%								32						

② 作物实际耗水量 ET_a（mm/旬），分两种情况：

a. 当本旬降水量 P 加上旬有效储存量大于 ET_m 时，则 $ET_a=ET_m$。本旬末的土壤有效水分储存量 $ST=P-ET_m+$上旬 ST。

b. 当本旬降水量 P 加土壤有效水分储存量小于 ET_m 时，则 $ET_a=P+$上旬 ST。本旬末土壤有效水分储存量为 0。

③ 播前土壤有效水分储存量 ST。

$$ST=\text{播前 }N\text{ 旬降水量总和}-K\times\text{播前 }N\text{ 旬可能蒸散总和}$$

N 与 K 值选取多大，由具体作物及作物的季节而定。本实验选 3 月份 3 旬计算播前土壤水分储存量（即 $N=3$），取 $K=0.1$。

当 $ST<0$ 时，记为 0。

（2）计算作物不同生育阶段产量降低率 u。

$$u=ky(1-V)\times 100\%=ky\left(1-\frac{ET_a}{ET_m}\right)\times 100\%$$

ky 是产量反应系数，不同作物的各生育阶段不同，本实验已经给出各生育阶段的 ky 值。

（3）计算各生育阶段产量指数 I_y。

$$I_y=1-u=\frac{y_a}{y_m}$$

$$I_{y1}=(1-u_1)\times 100\%$$

实验三　土壤耕作制设计

一、实验目的

（1）熟悉了解种植制度。

（2）运用所学知识，根据掌握资料，练习土壤耕作制的拟定方法。

二、材料及用具

现有生产单位相关种植制度、铅笔、绘图工具、白纸。

三、实验内容说明

土壤耕作制是一套与种植制度相适应的土壤耕作措施体系。每一单项土壤耕作措施在不同的气候、土壤、作物条件下有不同的作用和效果。因地制宜地选择耕作方法，进而在轮作周期内形成一套土壤耕作体系，是改善农田肥力条件，培肥地力，促进轮作期间作物均衡增产的重要手段。简言之，土壤耕作制是在轮作制的基础上，根据土壤-植物-大气连续体系统的原理，满足前作作物和后作作物的产量要求而采取的配套的土壤耕作的综合体系，保证每一茬作物都有适当的播种条件和生育期中的耕层构造。本实验要求学生在掌握现有资料、了解种植制度的基础上制定土壤耕作制。

四、实验方法与步骤

1. 调查研究，收集资料

在拟定土壤耕作制时，应对当地的自然条件、生产经济条件及作物栽培条件等进行详细地调查了解，作为拟定土壤耕作制的依据。

（1）作物种植制度和轮作倒茬方式是拟定土壤耕作制的主要依据，并了解轮作中各种作物的播种期和收获期，作物品种搭配以及作物栽培技术等。

（2）土壤条件及土壤灌水施肥制度，了解地形地势，土壤类型及土壤质地分布，土壤盐渍化程度，土壤生产性能、宜耕期长短，水利设施及灌溉制度，施肥种类、施用方法和时间，绿肥作物的栽培及翻压时间、方法。

（3）气候条件，特别是气温，降水蒸发量、土壤封冻及解冻期，干旱风及霜冻等自然灾害的发生规律。

（4）当地土壤耕作的主要经验：秋播、春播及填闲作物以及休闲期的土壤耕作措施与方法，深耕、浅耕及免耕的运用及其效果。基本耕作与播前耕作措施的配合，耙耱保墒及防止水土流失的经验等。

（5）农机具及劳畜力条件：拖拉机及农具种类、数量，农田作业的机械化程度，耕畜和劳力状况等。

（6）田间杂草的种类、数量及危害程度。

2. 根据轮作制度编制土壤耕作制计划书，填写土壤耕作制技术说明书

依照“气候-作物-土壤”协调一致的原则，因地制宜，合理地组配各种土壤耕作措施，使之成为一个整体。这里应注意几点：

（1）各级土壤耕作措施应围绕作物轮作制度安排，措施与措施之间要相互配合，为作物创造适宜的土壤环境条件。

（2）主要土壤耕作措施，如深耕在整个轮作周期中原则上是三年安排一次，可据情况适当安排深翻、深松、深耕、浅耕以及免耕。

（3）土壤耕作措施与其他措施之间要密切配合，特别是与灌水、施肥制的配合。

（4）应注意提高劳动生产率、降低成本，尽量减少作业层次或采用联合作业，在保证作业质量的前提下，注意经济效果。

五、实验材料与作业

根据表 7-14 所示轮作制，制定该生产单位某轮作区的土壤耕作制，并给出说明与评价。

表 7-14　某地轮作制

轮作填区	第一年	第二年	第三年
1	小麦-水稻	小麦-水稻	蚕豆-水稻
2	小麦-水稻	蚕豆-水稻	小麦-水稻
3	蚕豆-水稻	小麦-水稻	小麦-水稻

实验四　土壤施肥制的建立

一、实验目的

（1）明确按不同轮作特点施肥的重要性，并掌握施肥制的拟定方法。

（2）根据种植制度中各作物对养分的要求和在种植制度中的地位，合理分配本单位的有机与商品肥料，以求农田养分的平衡，生产的稳步发展。

二、材料及用具

某村种植制度相关资料。

三、实验内容说明

施肥的作用在于补充和协调土壤肥力因素，它是促进农作物稳产、高产的必要条件。基于肥料的有限性及合理施用的必要性，按照生产的需要和实际情况，建立与复种轮作相适应的施肥制，是科学用肥的基础。

四、实验方法与步骤

施肥制度的建立包括一个生产单位全部农田的肥料总量运筹及各块农田上各季作物的肥料配比（种类配比及春追肥配比）运筹等内容，基本步骤包括：

（1）掌握本单位的作物布局情况，作物生长情况。各田块（片）土壤肥力状况和肥源、化肥价格等情况。

（2）计算实现计划产量指标所需要的氮、磷、钾养分总量。一般根据每获得 100 吨经济产量需要养分的数量（表）来定。施肥量大致为需要量的 1.5 倍（按照肥料总利用率为 60%计），具体可根据当地土壤肥力条件、习惯上的施肥水平而作适当增减。

$$\text{施肥量（kg）}=\frac{\text{作物计划产量所需养分总量}-\text{原土壤提供养分量}}{\text{肥料中养分含量}\times\text{肥料利用量}}$$

$$\text{原土壤提供养分量}=\frac{\text{无肥区作物产量}}{100}\times\text{形成100kg经济产量所需养分量}$$

在缺乏具体数据时，经验值中一般有机肥的当年利用率是 33% 左右，速效性化肥的当年利用率为 50%左右。据此在求得某计划产量下的施肥量后，可根据每一作物的吸肥情况合理分配。

（3）确定能供应的肥料种类、数量及质量，估算所能供给的养分量。

（4）比较养分的供求平衡。

如平衡说明能维持计划产量，供过于求可能会有增产，若供不应求时，其地力势必就会逐年下降，产量逐年降低，这种情况下，就应作适当调整。在供肥严重不足情况下，除再挖掘肥料潜力外，应着重调整种植方案，改需肥多的作物为需肥少的作物，或适当降低复种指数。在化肥供应不受限制的地区，既要考虑肥料的价格，又要考虑不同种肥料的搭配。

① 增加外源的肥料投入。

② 挖掘系统内部的养分潜力（秸秆及饼肥等）。

③ 重新调整作物布局，改变种植方案，即改需肥多的作物为需肥少的作物，多种养地作物，据条件而定。

（5）拟订肥料运筹方案可用表格形式列出，如表 7-15 所示。

表 7-15　二熟制三区轮作的肥料运筹方案

轮作区	第一区		第二区		第三区	
作物名称	冬季作物	夏秋作物	冬季作物	夏秋作物	冬季作物	夏秋作物
种肥（种类、数量）						
基肥（种类、数量）						
总氮量						
总 P_2O_5 量						
总 K_2O 量						
N：P：K						

五、实验作业

设南方某农场作业队，有水田 60 亩，实行小麦-单季稻→绿肥-双季稻→油菜-单季稻的三年三区轮作制，计划亩产量指标：小麦 250 kg，油菜 150 kg，绿肥 3 000 kg，单季稻 500 kg，双季早稻 400 kg，双季晚稻 350 kg。可供的有机肥源：厩肥 3 000 担（标准肥），土杂肥 1 800 担（标准肥），绿肥和菜籽饼可全部还田，化肥供应数量不限。请拟订相应的施肥制，并按表 6-10 估算农田养分平衡。作物养分吸收量参考表 7-16。

注：①标准肥按每担含 N0.5%、P_2O_5 0.4%、K_2O 0.5%计算；

②青绿肥按含 N 量 0.5%计，其中 2/3 为生物固氮所得。

表 7-16　农作物每形成 100 kg 经济产量对 N、P、K 需要吸收量（单位：kg）

作物		N	P_2O_5	K_2O
冬小麦	籽粒	3.0	2.5	1.25
高粱	籽粒	2.6	3.0	1.3
豌豆	籽粒	3.09	微量	2.86
棉花	皮棉	13.86	14.43	4.86
甘薯	薯块	0.6	0.1	0.15
水稻	米粒	2.0	1.2	0.7
绿肥	鲜重	5.0	4.0	0.7

第二篇
作物学课程实习

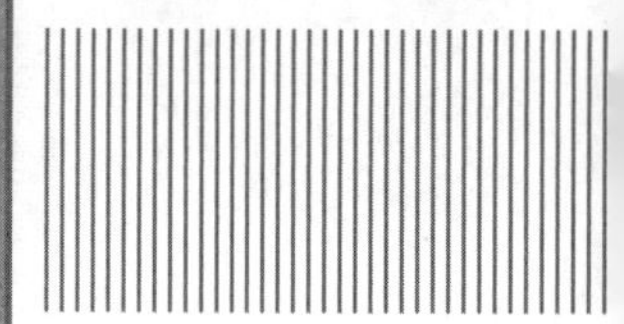

作物生产实习

实习一　玉米育苗移栽技术

一、实习目的与要求

（1）了解玉米育苗移栽的意义。
（2）掌握玉米育苗移栽的基本方法。

二、实习材料及用具

玉米种、有机肥、复合肥、锄头、水桶、筛子、农药等。

三、实习内容

玉米育苗移栽技术的优点：一是能够充分利用生长季节，延长玉米的生育期，有利于套种，提高复种指数；二是能够确保苗全、苗齐、苗匀、苗壮，抗倒伏，抗病；三是可以比直播提前 10 ~ 15 天成熟，有利于扬花期避过伏旱，提高授粉率；四是育苗移栽后的玉米表现为根深、苗壮、秆矮，且通过定向移栽可以使叶片有序排列，空间分布均匀，充分利用光能，因此可以比直播每亩多种 500 ~ 1 000 株；五是育苗移栽可以节约用种，每亩大田只需种子 1 ~ 1.5 kg，比直播节约用种 0.5 ~ 1 kg，降低生产成本。

通过学生实际操作实验，完成整个玉米育苗过程及管理，掌握育苗移栽技术。

四、实习方法与教学手段说明

教师在田间全程指导、讲解，学生提问，学生在实习指导教师的指导下完成全部实习内容。

实习周期为整个生育期，按生长发育规律不定期田间生产。实习期间的组织工作由主讲教师全面负责，学生分组，每个小组每天或隔天到田间观察（可以轮流观察）生长情况，详细记录苗情、生长发育状况、病虫害等，定期讨论并采取栽培管理措施。

五、实习注意事项

（1）为保证实习顺利进行，每组同学之间必须互相配合，共同合作，做好各项工作，并及时做好记录。

（2）田间实习时，必须注意安全，不能互相推挤玩耍，不得采摘、破坏实习地块周边农作物。

六、实习考查

考查依据：实习中的表现；观察、分析问题的能力；参与次数；实习报告的编写水平。

成绩评定分为优秀、良好、中等、差、不合格。凡未交原始记录资料和实习报告或伪造资料或抄袭别人的实习报告者均作不合格处理。

七、实习过程

1. 品种选择

选用已审定、推广且适宜当地种植的杂交品种。

2. 苗床地选择

育苗地要选择地势平坦、避风向阳、排灌方便、距离大田较近、土壤肥沃的的地块，不要选择在低洼地、风口处。

3. 床土配制

农家肥、腐熟的草炭土、无残留农药沃土各 1/3，过筛后每 m^3 床土混拌磷酸二铵 2 kg、硫酸锌 0.2 kg、硫酸钾 0.3 kg，倒堆 3～4 次，混拌均匀。其湿度以手捏成团，落地即散为宜，达到“干、细、黏、肥”，营养土配制好后即可使用。

4. 做　床

播种前，将苗床整平耙细，把浮土清除，先在床底铺上一层腐熟的农家肥或有机肥、沙子等做隔离层，以利起苗。

5. 装　土

将调制好的营养土装至软盘的 80%后压实在苗床中，每杯或每孔播种 1～2 粒种子后，撒细土盖种，厚度不低于 1 cm。

6. 播　种

播种前进行种子处理，除去小粒、瘪粒和霉粒，要搞好种子发芽试验。播种时，苗床表土按每 m^2 施颗粒药剂以防治地下害虫。拍平床土，排好秧盘，摆盘前浇足苗床底水。摆好盘后即可播种，播种时用食指或一小木棍压一小孔，每一小孔播一粒种子，胚根向下，播后覆土盖好种子。种子播好后用洒水壶浇水，使每盘、每孔营养土都有足够的水分。播种后，苗床上覆盖地膜，出苗后撤掉。

7. 苗床管理

（1）温度管理。出苗至 2 叶期，棚室温度保持在 28 ~ 35 ℃，但不可超过 38 ℃；2 ~ 3 叶期，保持在 25 ℃左右；3 叶期至移栽前，保持在 20 ~ 24 ℃。要注意通风炼苗，在移栽前 6 ~ 8 天，若没有霜冻，昼夜通风。

（2）水分管理。播种时，要采用喷淋方式把水浇匀、浇透，以后一般不用再浇水，除非特别缺水时浇水，要严格控制水分，进行蹲苗、炼苗。移栽前 3 天要浇一次透水，有利于起苗及移栽后存活。

8. 适时移栽

待苗长至 2 叶 1 心或 3 叶 1 心时即可移栽，移栽时浇足定根水。

八、实习作业

（1）根据实际操作过程，总结不足或可以改进的地方。

（2）完成实习总结。

实习二　小麦的栽培管理技术

一、实习目的和要求

（1）结合理论知识，通过实习熟悉了解小麦整个生育期的生长发育特性。
（2）掌握小麦的主要栽培技术。
（3）了解小麦的主要病虫害及防治技术。

二、实习材料及用具

小麦种、有机肥、复合肥、锄头、水桶、筛子、农药等。

三、实习内容

通过小麦全程种植，认识小麦生产的环节，了解不同生态条件对小麦栽培的影响。了解小麦生育进程、小麦不同品种类型的生长特点和长势长相以及相应的栽培措施。观察小麦生产情况，了解当地小麦栽培生产规律，掌握正确识别高产田、低产田的方法，了解小麦生理障碍及其判别，并根据生产实际情况提出解决问题的方法。

四、实习方法与教学手段说明

教师在田间全程指导、讲解，学生提问，学生在实习指导教师的指导下完成全部实习内容。

实习周期为整个生育期，按生长发育规律不定期田间生产。实习期间的组织工作由主讲教师全面负责，学生分组，每个小组每天或隔天到田间观察（可以轮流观察）生长情况，详细记录苗情、生长发育状况、病虫害等，定期讨论并采取栽培管理措施。

五、实习注意事项

（1）为保证实习顺利进行，每组同学之间必须互相配合，共同合作，做好各项工作，并及时做好记录。
（2）田间实习时，必须注意安全，不能互相推挤玩耍，不得采摘、破坏实习地块周边农作物。

六、实习考查

考查依据：实习中的表现，观察、分析问题的能力；参与次数；实习报告的编写水平。

成绩评定分为优秀、良好、中等、差、不合格。凡未交原始记录资料和实习报告或伪造资料或抄袭别人的实习报告者均作不合格处理。

七、具体实施过程

1. 选择良种

选用品质优良、单株生产力高、抗逆性强、经济系数高、不早衰的良种，有利于实现高产目标。由于本地冬季气温较高，选用春性小麦品种种植。

2. 精细整地

为改善土壤结构，增强土壤蓄水保墒能力，播前进行精耕细整，翻耕 23 ~ 25 cm，不但增强土壤肥力，而且可以打破犁底层，达到深、细、透、平、实、足（水）的标准，即耕作层要深（旱地 20 ~ 25 cm，稻茬地 15 ~ 20 cm），耕后耙细（碎）、耙透、整平、踏实，达到上松下实、蓄水保墒。

3. 做畦开沟

垒筑田埂，建立麦田灌、排水相配套的设施，挖好“三沟”（墒沟、腰沟、地头沟），开春后及时疏通“三沟”，使沟渠相通，以满足灌、排水的要求。

4. 平衡施肥

根据土壤综合肥力状况制定施肥方案，以有机肥为主，有机肥、无机肥结合施用，改善土壤中的有机质含量，从而达到均衡施肥的目的。在耕地的同时要施足基肥，施有机肥 30 ~ 45 t/hm^2、纯 N 225.0 kg/hm^2、P_2O_5 90.0 ~ 112.5 kg/hm^2、K_2O 75.0 ~ 112.5 kg/hm^2，为减少冬雪春雨造成的化肥流失损耗，避免小麦中后期脱肥早衰，将 50% 左右的氮素化肥后移到拔节至孕穗期间分 2 次追施，从而使小麦籽粒中赖氨酸、蛋白质含量提高。

5. 种子处理

播种前要进行药剂拌种，种子选用 3%苯醚甲环唑 20 mL 加 55%甲拌磷乳油 20 mL，兑水 0.5 ~ 0.75 kg，拌种 10 kg，堆闷数小时，晾干播种。主治全蚀纹、纹枯病、蝼蛄、蛴螬、金针虫等。

6. 适期播种

为培育壮苗，形成根系发达、茎蘖数较多的小麦生产群体，充分利用热量资源，在适期播种，从而为小麦高产奠定基础。一般小麦在田间持水量为 70% ~ 80%时最有利于出苗。因此，当播期、土壤墒情发生冲突时，一定要做到适墒播种，可晚播 3 ~ 5 天，从而使小麦全苗。一般在日均温 16 ~ 17 ℃、冬前≥0 ℃积温 650 ℃时播种最佳，在越冬期能够形成 6 叶 1 心壮苗。本地区可在 10 月中下旬播种。

7. 播种量

根据小麦品种特性、播种期确定小麦的播种量，弱春性、春性品种分别在 10 月中下旬、10 月下旬至 11 月上旬进行播种比较适宜，播量 120 ~ 150 kg/hm^2，随着播期推迟适当增加播量。

8. 科学施肥与除草

为防止发生缺苗断垄现象，保证小麦安全越冬，要及时进行灌水，使小麦形成壮根。为使杂草防治效果较好，可在 1 月中旬至 2 月下旬进行化学除草。2 月中旬至 2 月底、3 月中下旬分别追施化肥 75 ~ 120 kg/hm^2、120 ~ 150 kg/hm^2，促进小麦返青拔节，提高小麦的分蘖率。3 月初要浇返青水，肥力中等、群体偏少与肥力高、群体适宜或偏大的麦田分别在拔节期稍前或拔节初期、拔节后期进行追肥浇水。

9. 化学调控防倒伏

小麦倒伏分为根倒伏和茎倒伏 2 种，一般主要是茎倒伏，主要是由于前期氮肥施用量较大，造成小麦群体过大，田间郁闭，通风透光不好，小麦徒长旺长，基部节间过长，后期出现大风天气小麦易发生倒伏。因此，在小麦生产中，应根据土壤的肥力状况进行科学施肥浇水。

10. 抽穗及灌浆成熟期

小麦抽穗扬花期（4 月中、下旬），为防治小麦蚜虫、吸浆虫、黏虫、锈病、白粉病和赤毒病等，延长小麦生长期，提高产量，可喷施杀虫剂，连续使用 1 ~ 2 次。同时，灌水 1 ~ 2 次，第 1 次灌水在初穗扬花期进行，以保花增粒促灌浆，达到粒大、粒重、防止根系早衰的目的；第 2 次灌麦黄水，以补充水分，并为复播第 2 茬作物做前期准备。

11. 适时收获

一般在 5—6 月上中旬小麦基本成熟，整个麦田 2/3 的麦穗发黄时收割，小麦蜡熟末期是最佳收获期。但小麦不可过于成熟，以免籽粒脱落而减少收成。

八、实习作业

（1）根据实际操作过程，总结不足或可以改进的地方。

（2）完成实习总结。

实习三　蔬菜（甘蓝）栽培管理

一、实习目的与要求

（1）熟悉蔬菜栽培的基本方法；
（2）学会常用蔬菜的育苗方法（露地育苗、阳畦育苗、小拱棚育苗等）；
（3）了解甘蓝的生长特性，学习早春甘蓝的栽培技术；
（4）基本掌握甘蓝常见病虫害的防治方法；
（5）基本掌握蔬菜栽培过程中的管理技术。

二、实习材料及用具

蔬菜（甘蓝）种子、有机肥、复合肥、锄头、水桶、筛子、农药等。

三、实习内容

通过甘蓝的栽培，认识蔬菜生产的环节，了解不同生态条件对蔬菜栽培的影响。掌握蔬菜栽培和管理的主要方法，通过对甘蓝的栽培，对其他种类蔬菜的栽培管理技术措施有个初步的了解和认识。

四、实习方法与教学手段说明

教师在田间全程指导、讲解，学生具体实施，学生在实习指导教师的指导下完成全部实习内容。

实习周期为整个生育期，按生长发育规律不定期田间生产。实习期间的组织工作由主讲教师全面负责，学生分组，每个小组每天或隔天到田间观察（可以轮流观察）生长情况，详细记录苗情、生长发育状况、病虫害等，定期讨论并采取栽培管理措施。

五、实习注意事项

（1）为保证实习顺利进行，每组同学之间必须互相配合，共同合作，做好各项工作，并及时做好记录。

（2）田间实习时，必须注意安全，不能互相推挤玩耍，不得采摘、破坏实习地块周边农作物。

六、实习考查

考查依据：实习中的表现；观察、分析问题的能力；参与次数；实习报告的编写水平。

成绩评定分为合格与不合格。凡未交原始记录资料和实习报告或伪造资料或抄袭别人的实习报告者均作不合格处理。

七、具体实施过程

1. 选择优种

春季露地种植选用具有耐寒、冬性强（露地越冬不易先期抽薹）、早熟，外观好、品质佳等特点的品种，露地越冬栽培全生育期约 200 天，如春冠、中甘 21 等。

2. 准备苗床

采用露地育苗，做好防雨、防虫、遮阴设施。

育苗床土要选择肥沃土壤，上茬没有种植过白菜、甘蓝、萝卜等蔬菜的田园土。每个占地 0.1 亩的育苗床需要施入腐熟的优质圈肥 500 kg、三元复合肥 5 kg，将有机无机肥撒施均匀后深翻、耙平。

（1）床土配制。选用近 3 年来未种过十字花科蔬菜的肥沃园土 2 份与充分腐熟的过筛厩肥 1 份配合，按 1 立方米加三元复合肥（15∶15∶15）1 kg 或相应养分的单质肥料混合均匀待用。将床土铺入苗床，厚度 10 cm。

（2）床土消毒。用 50%多菌灵可湿性粉剂与 50%福美双可湿性粉剂按 1∶1 比例混合，或 25%甲霜灵可湿性粉剂与 70%代森锰锌可湿性粉剂按 9∶1 比例混合，按每 1 m^2 用药 8 ~ 10 g 与 4 ~ 5 kg 过筛细土混合，播种时 2/3 铺于床面，1/3 覆盖在种子上；或用 50%硫酸铜（DT 杀菌剂）可湿性粉剂 500 倍液分层喷洒于土上，拌匀后铺入苗床。

3. 种子处理与适时播种

用 50 ℃温水浸种 20 min，然后在常温下继续浸种 3 ~ 4 h 后，将浸好的种子捞出洗净，稍加晾干后用湿布包好，放在 20 ~ 25 ℃处催芽，每天用清水冲洗 1 次，当 20%种子萌芽时，即可播种。

本地区由于冬季温度较高，可安排在 11 月至翌年 1 月。每亩大田用种量 50 g，采用撒播的方法播种，密度约 3 g/m^2，将种子均匀撒播于床面后，覆土 0.6 ~ 0.8 cm。

4. 苗期管理

苗床应注意适量浇水，一般初出土苗每天浇 1 次水，以后间隔 1 ~ 2 天 1 次，具体指标以土壤湿润、土表略干为宜。当小苗有 3 ~ 4 片真叶时，浅松土 1 次，促进根系发育，同时结合间苗。间苗的原则是留壮苗，除去密苗、弱苗和劣苗，以 5 cm^2 留 1 株为宜。有分苗习惯的可于幼苗 1 ~ 2 片真叶时分苗。缓苗后划锄 2 ~ 3 次，分苗后要用遮阳网覆盖，防止床土过干，要在雨后及时排除苗床积水。在间苗或假植后，根据苗的大小决定控制肥水蹲苗还是施肥水促小苗。但在定植前半个月（苗龄 35 天左右）要蹲苗，促使根系生长，使地上部分和地下部分比例平衡。定植时的壮苗标准是植株健壮，株高 12 cm，茎粗 0.5 cm 以下，有 6 ~ 8 片叶，叶片肥厚蜡粉多，根系发达，无病虫害。

5. 施　肥

基肥一般用有机肥与无机肥相结合。在中等肥力条件下，结合整地，每 667 m^2 施优质有机肥（以腐熟猪厩肥为例）5 000 kg、氮肥 4 kg（折尿素 8.5 kg）、磷肥 5 kg（折过磷酸钙 42 kg）、钾肥 4 kg（折硫酸钾 8 kg）。有机肥料需达到规定的卫生标准，优先选择铵态氮肥和尿素，不提倡单独施用硝态氮肥。应采取“前重后轻”的施氮措施，其中 1/3 用于基施，2/3 用于追施，为降低和控制蔬菜硝酸盐含量，可采用氮抑制剂（如双氰胺）来抑制土壤硝化细菌的活性。

6. 移栽及大田管理

在幼苗达 6 叶 1 心的时候定植，先以中等大小的苗定植。定植宜在冬至—大寒前完成，使幼苗在定植后来得及发生新根，以利抗冻。定植过早，在年内生长过大，可能发生未熟抽薹现象，定植过迟，幼苗根系尚未恢复生长，寒冷来临，可能发生受冻缺苗的现象。幼苗在定植时浇定根水，于恢复生长后结合追肥再浇一次水。

7. 田间管理

春甘蓝对追肥要求严格，冬季温度低生长缓慢，要严格控制追肥，避免因追肥促进生长和发育；春季回暖后，幼苗生长开始变快，需要追肥。在寒冷期后，进行中耕除草，轻施提苗肥一次，到春分时，气温升高，植株生长变快，重施追肥一次。结球期再追肥一次，促进结球充实。每亩共用粪肥 3 000 kg，或用适量的氮素化肥，过磷酸钙 15 kg，草木灰 100 kg。

春甘蓝病虫害危害不是很严重，只需在苗期注意病虫害的防治。合理安排茬口、轮作，使病原菌和虫卵不能大量积累；通过培育壮苗，加强栽培管理，科学施肥，改善和优化菜田生态系统，创造一个有利于结球甘蓝生长发育的环境条件。可以设黄板诱蚜，用 100 cm × 20 cm 的黄板，按照 30 ~ 40 张/667 m^2 的密度，挂在行间或株间，高出植株顶部，诱杀蚜虫，也可利用黑光灯诱杀害虫。

8. 适时采收

春甘蓝在叶球大小定型，紧实度达到八成时采收。注意防冻、防雨淋、防晒、通风散热。

八、实习作业

（1）根据实际操作过程，总结不足或可以改进的地方。
（2）完成实习总结。

实习四　综合栽培技术的实地考察

一、实习目的与方法

（1）大田栽培基本技术实地了解；
（2）掌握常见的栽培方式（露地、设施）；
（3）实地考察常见的水分管理技术（畦灌、沟灌、喷灌、滴灌）；
（4）熟悉栽培方式与熟制的合理搭配，提高土地及其他资源的利用率的原理及基本方法；
（5）掌握栽培技术中的中耕管理技术及其优缺点。

二、教学方法与教学手段说明

教师或生产单位技术人员在田间全程指导、讲解，学生提问，学生在实习指导教师的指导下完成全部实习内容。

三、实习组织

教师组织学生到当地有代表性的、有特色的、有一定规模和影响力的农业生产基地实地考察学习，由教师或生产单位技术人员介绍生产技术，学生实际下地参与劳动及田间观察作物种植方法、生长情况，调查生物学性状、产质量等，并组织讨论。

四、实习注意事项

（1）为保证实习顺利进行，每组同学之间必须互相配合，共同合作，做好各项工作，并及时做好记录。
（2）乘车外出及田间实习时，必须注意安全。

五、考　查

考查依据：实习中的表现；观察、分析问题的能力；参与次数；实习报告的编写水平。

成绩评定分为优秀、良好、中等、差、不合格。凡未交原始记录资料和实习报告或伪造资料或抄袭别人的实习报告者均作不合格处理。

六、具体实施

安排周末两天，选择有代表性的农业生产基地实地考察。

七、实习报告

要求学生根据所实习内容，结合课堂所学知识和所收集资料，整理撰写实习报告一份。

实习五　甘薯的扦插栽培及管理技术

一、实习目的和要求

通过实习掌握甘薯的栽培方法，掌握扦插技术，了解常用的扦插栽培的植物。

二、实习材料与用具

材料：甘薯藤蔓、生物有机肥、三元复合肥（或甘薯专用肥）、硫酸钾、过磷酸钙、腐熟的厩肥。

用具：锄头、剪刀、小铲、竹篓、水桶等。

三、教学方法与教学组织

由教师示范讲解，学生实际操作，甘薯生长期间不定期进行观察记录，在甘薯不同生育期由学生分组进行栽培管理，学生在实习指导教师的指导下完成全部实习内容。

四、实习内容

甘薯属旋花科甘薯属甘薯种，为一年生草本植物，是主要的粮食作物之一。甘薯营养价值较高，用途也很广，它是制造淀粉、酒精和糖的原料，同时也是重要的饲料作物，鲜、干茎叶和薯块以及加工后的粉渣等副产品都是营养价值极高的饲料。甘薯尖还可作为无公害蔬菜食用。

甘薯为无性繁殖作物，块根及茎叶均可作为繁殖器官。春薯在谷雨至立夏栽插，即 4 月下旬开始，5 月下旬结束，夏薯栽插越早越好，即麦收后遇雨及早开始栽插，最晚不迟于 6 月下旬。甘薯在大田生产中主要采用薯块育苗，茎蔓扦插的方式栽培。本实验旨在指导学生能学会并独立完成甘薯的扦插种植方法。

五、实习实施

1. 深耕与起垄

（1）深耕。

甘薯是块根作物，土壤要求土层深厚、土质疏松、通气良好、肥沃适度。深耕能加厚活土层，改善通气性，加强蓄水能力，促进土壤养分释放。因此，不管是平作或是垄作，深耕都是提高甘薯产量的一项重要措施。

（2）起垄。

与平作比较，垄作优点：

① 便于排灌，有利抗旱防渍；

② 加深土层，扩大根系活动范围；

③ 增大土壤与外界的接触面而使受光面积增大，土壤昼夜温差扩大。

起垄方式与规格：按 1 m 分厢起垄（包沟），垄高 30 ~ 40 cm，垄面呈小拱形，每垄交叉插双行（行距 40 ~ 50 cm），株距 30 cm，每亩 4 000 ~ 5 000 株，起垄时注意按水平方向进行，以防止水土流失。

2. 施　肥

甘薯为喜钾作物，对氮、磷、钾的要求为 2∶1∶3，宜采用以底肥为主，重施钾肥的原则科学施肥。根据甘薯需肥规律和生产试验，亩产鲜薯 3 000 kg 左右的高产丘块，要求亩施腐熟的厩肥 3 000 ~ 4 000 kg，N、P、K 含量 30%的甘薯专用配方肥 35 ~ 40 kg 斤做底肥，底肥在起垄时施入，如平作，在翻耕时施入，追肥分两次施用，移栽成活后新蔓长 5 ~ 10 cm 时追施苗肥，每亩施尿素 5 ~ 7 kg，兑水淋蔸，移栽后 50 ~ 60 天，亩用 30%甘薯专用肥 10 kg 加硫酸钾 5 kg 结合中耕条施追入。

3. 合理密植

甘薯栽插密度应根据品种、土壤肥力、施肥水平和栽插方式确定，短蔓直插密度一般亩插 6 000 株左右，长蔓斜插宜稀，一般插 2 500 ~ 3 500 株。

4. 栽　插

（1）栽插时间：适时早插有利增产。应掌握气温稳定通过 18 ℃为栽插的上限。一般 4 月下旬即可栽插，确保甘薯高产，争取在 5 月下旬插完。

（2）剪苗：剪苗时间要根据栽插时间配合进行，一般苗高 20 ~ 25 cm 剪苗。剪苗时，要在离地 2 个节上平剪，随剪随插。

（3）栽插方法：

① 直插。

在下透雨后土壤湿润时进行，薯苗较短，仅 4 ~ 5 个节，薯苗垂直入土 2 ~ 3 个节，外露 1 ~ 2 个节。优点是插苗较深，能吸收下层水分和养分，能抗旱耐瘠，成活率高，栽插省工，缺点是下部节入土太深，通风不良结薯少，入土节不多，单株结薯数较少。

② 斜插法。

高产栽培甘薯一般采用斜插法。要求薯苗长有 5 ~ 7 个节，入土 2 ~ 3 个节，露出 2 ~ 4 个节，优点是单株结薯数增加，近土表易结大薯，缺点是抗旱能力比直插稍差。

③ 平插法。

将薯苗水平插入土中 3 ~ 5 个节，留 1 ~ 2 节于土壤表面。这种插法结薯早而多，薯块大小均匀，产量较高。但用苗量多，不耐旱，栽插较费工。适合水肥条件好和生产水平高的薯地。

6. 田间管理

（1）查苗补蔸，确保全苗。

甘薯插后常因干旱、病虫为害或栽插不当等原因造成死苗缺蔸现象。因此，在插后 3～7 天要及时查苗补蔸，对补栽的薯苗要实行重点管理，赶上前苗。

（2）中耕除草。

在薯蔓满田前，土壤裸露，易板结也易滋生杂草，中耕是这一阶段特别重要的管理措施，一般进行 2～3 次。薯苗活蔸后进行第一次中耕，隔 10～15 天再中耕一次，在薯蔓满田前完成第三次中耕。田间杂草较多的，可用盖草能 70 ～100 mL 兑水 50 kg 喷雾进行化学除草。

（3）茎蔓管理。

各地都有翻蔓的传统习惯。理由是拉断不定根，避免长成小薯，同时便于除草。但翻蔓扰乱了茎叶自然生长状态，造成人为机械损伤和重叠，降低光合效能，同时拉断了不定根，减少了水分和养分的吸收，同样制约生长，造成减产。因此，在茎蔓管理上要根据实际情况实行翻蔓，营养生长过旺，需要控制徒长，需采取翻蔓措施。

（4）综合防治病虫害。

甘薯主要病害有黑斑病、根腐病和薯瘟，主要防治措施是在选用抗病品种的基础上，注意合理轮作，田间发现病株应及时拔除，并用敌克松 1 000 倍液淋蔸。虫害主要有蛴螬、卷叶虫、斜纹夜蛾等，注意消除田间杂草，田间虫害严重时可用 2.5%敌杀死 500 倍液进行防治。

（5）防旱、抗旱。

首先在适时早插的基础上，要早追苗肥，促薯蔓早满田，提高抗旱能力；其次是在薯蔓满田之前搞好中耕，防土壤板结；第三是不翻蔓、不提蔓；第四是在有条件的地方，干旱严重时，可在早晨或傍晚灌跑马水。

7. 及时收获

甘薯的收获物块根是无性营养体，没有明显的成熟标志，甘薯的收获期主要由气温决定。一般在当地平均气温下降到 15 ℃左右开始收获。我市一般在 10 月中、下旬初霜前收获为宜。收获过早，缩短了块根膨大时间，产量和出粉率低，同时较高温度下收获的薯块容易引起“烧窖”，不能安全贮藏。收获过迟，低温影响降低薯块淀粉含量，糖分含量增加，出粉率降低，耐贮性降低。

六、思　考

总结甘薯不同栽插深度的优缺点；总结不同甘薯不同栽插法的选择依据和种植密度的依据。

实习六　无筋豆栽培及管理技术

一、实习目的和要求

（1）掌握无筋豆栽培管理技术。

（2）了解豆类作物的生长习性。

（3）培养学生发现问题、解决问题的能力，协同合作能力及沟通协调能力。

二、实习材料及用具

无筋豆种子、有机肥、复合肥、锄头、水桶、筛子、农药等。

三、实习内容

无筋豆也称菜豆，又名四季豆、芸豆、玉豆，因豆荚柔嫩、无筋、无革质膜而得名。无筋豆生长发育对环境条件要求比较严格，属喜温蔬菜，怕严寒酷暑，适宜生长温度为 20 ℃左右，开花结荚适宜温度为 20 ~ 25 ℃，在 35 ℃高温干旱条件下，落花落荚严重，荚短小或呈畸形，品质变劣。通过无筋豆的栽培管理实习，了解豆类作物栽培管理关键技术，了解豆类作物作为轮作作物的重要性。

四、实习方法与教学组织

教师在田间全程示范、指导、讲解。学生实际操作，在实习指导教师的指导下完成全部实习内容。

实习周期为无筋豆整个生育期，按生长发育规律不定期田间生产。实习期间的组织工作由主讲教师全面负责，每个小组每天或隔天到田间观察（可以轮流观察）生长情况，详细记录苗情、生长发育状况、病虫害等，定期讨论并采取栽培管理措施。

五、实习注意事项

（1）为保证实习顺利进行，每组同学之间必须互相配合，共同合作，做好各项工作，并及时做好记录。

（2）田间实习时，必须注意安全，不得采摘、破坏实习地块周边农作物。

六、实习考查

考查的依据：实习中的表现；观察、分析问题的能力；参与次数；实习报告的编写水平。成绩评定分为优秀、良好、中等、差、不合格。凡未交原始记录资料和实习报告或伪造资料或抄袭别人的实习报告者均作不合格处理。

七、实习过程

1. 选地施肥

选择光照充足，土壤疏松肥沃，前茬未种植过豆类作物，（避免同类病虫害继代繁殖加重危害。）地块平坦、肥力中等，富含有机质、疏松透气、排灌方便的壤土或沙壤土。根据排灌习惯做成高垄或平垄，云南种植垄宽 1.5 m，株距 40 cm，每垄 2 行，清水穴播，每穴播种 4 粒，每亩用种 5 kg，出苗后每穴定苗 4 株，每亩 3 000 穴。长江流域种植垄宽 1.5 m，株距 40 cm，每垄 2 行，清水穴播，每穴播种 2 粒，每亩用种 3 kg，出苗后每穴定苗 2 株，每亩 2 500 穴。

春、秋露地栽培可参照当地季节适时播种，长江流域在 2—3 月初均可播种，秋季在立秋前后播种。播种前，先将种子进行处理：用 30 ℃温水+托布津+恶霉灵浸种 3～5 h，起到对种子消毒杀菌的作用，预防苗期发病。无筋豆适宜在云南海拔 1 000 m 以下的地区作冬季栽培。因夏季温度高，无筋豆不结荚，即使结荚，商品性也差，没有经济价值；海拔 1 000 m 以上的地区，适宜夏季栽培，而不适宜冬季栽培，原因是冬季气温低影响花粉发芽，表现为花而不实或豆荚短小、畸形、锈病严重等。云南低海拔地区，秋冬春栽培无筋豆，播种期主要由市场决定，一般在 8 月 20 日至 12 月中旬播种，1 月中旬至 3 月初采收上市。

2. 开穴播种

采用直播方式，播前先将种植穴浇足底水，播完后用 48%乐斯本（毒死蜱）乳油 1 000 倍液喷施播种塘和畦面，防治地下害虫。播种塘盖 2 cm 厚细土，播种结束后覆盖地膜，待种子出土后，及时破膜放苗，并注意苗四周膜边用土压实，有利保温保湿，防止白天膜下高温蒸气伤害幼苗。

3. 水肥管理

亩施过磷酸钙 50 kg+硫酸钾 50 kg+复合肥 50 kg+腐熟农家肥 5 000 kg（或腐熟鸡粪、猪粪 1 500 kg 或腐熟花生粕、油菜枯 200 kg），也可添加适量微生物制剂，经发酵处理后制成优质活性有机肥，作基肥沟施或全层施用。整个生长期应掌握前期防止茎蔓徒长，后期避免早衰的原则，所以在施足基肥的基础上，苗期不再追肥，并应注意控制浇水严防徒长。苗期至第一花穗前，以抑为主，少浇水或不浇水，中耕、松土、保墒、蹲苗、防止徒长，以利提早开花结荚。开花结荚后重点叶面喷施钾肥，5～7 天一次，是夺取高产的关键。根据长势合理施肥，如果长势过旺，要去掉部分功能叶片。

4. 搭架整枝

植株开始甩蔓时，及时搭架，用竹竿搭成“人”字形架，并注意引蔓，第一花穗下的侧蔓要全部抹去，主蔓长到架顶时摘心，中部的侧枝可以结荚后进行摘心；及时去除老、残、病叶。

5. 采　收

采收标准：当嫩荚已饱满，而种子痕迹尚未显露，达商品标准时，为采收适期。春播开花后 8 ~ 10 天、秋播开花后 6 ~ 8 天即可采收嫩荚。一般盛荚期每天采收 1 次，后期隔 1 天采收 1 次。若不及时采收，豆荚老化，品质降低，同时影响继续开花结荚。

6. 农业防治病虫

合理轮作，深秋或初冬进行深耕翻土，清除田间杂物和杂草，并及时摘除病害叶片深埋，减少病虫源。合理施肥，在蔬菜栽培过程中，要多用腐熟的农家肥，尽量少用化肥。

7. 化学防治病虫

（1）细菌性疫病。出苗后每隔 7 天用链霉素、可杀得、新植霉素防治。

（2）炭疽病。可用 50%甲基托布津 600 倍液、75%百菌清可湿性粉剂 600 倍液或 65%代森锌可湿粉剂 500 倍液等喷雾防治。

（3）锈病和煤霉病。可在发病初期用 75%百菌清可溶性剂 600 倍液、15%三唑酮可湿性粉剂 1 000 ~ 1 500 倍液或 65%代森锌 500 倍液等，隔 5 天左右喷 1 次，连喷 2 ~ 3 次。

（4）根腐和枯萎病。可通过播种前用敌克松+多菌灵进行土壤消毒。发病初期可用 99%恶霉灵+甲基托布津 600 倍液灌根。

（5）病毒病。主要通过蚜虫传播，结合灭蚜进行防治。当在田间发现少量病株时，用 20%病毒 A 可湿性粉剂 500 倍液、50%抗蚜威可湿性粉剂 2 000 倍液或 1.5%植病灵乳剂 1 000 倍液喷雾。

（6）豆野螟。可用 4.5%高效氯氰乳油 3 000 倍液、2.5%氯氟氰菊酯乳油 3 000 倍液、20%杀灭菊酯 2 000 倍液、Bt 粉剂 1 000 倍液或 5%敌杀死 2 000 倍液等防治。始花期和盛花期是防治的最佳时期，重点喷施花、蕾、嫩荚密集部位，一般 5 天于早上 7—10 点喷 1 次。

（7）蚜虫。虫害发生期间用 10%吡虫啉可湿性粉剂 2 000 ~ 3 000 倍液、2.5%溴氰菊酯 3 000 ~ 5 000 倍液等，每 7 天喷 1 次。

（8）地老虎。播种后用 48%乐斯本乳油 1 000 倍液或 1.8%爱福丁（阿维菌素）乳油 3 000 倍液喷施。

以上病虫害用药时间以早晨 7—9 点效果最好，发生严重时每隔 2 天喷药 1 次。喷药后如在 24 小时内遇雨应进行补喷。用药时应做到轮换用药，以免产生抗药性。在收获前 7 天停止施用药。

8. 适时采收

作为嫩荚食用的菜豆，一般花后 8 ~ 10 天就可采收，应坚持每天采收一次，既可保证豆荚的品质及商品性，又可减少植株养分消耗过多而引起落花、落荚，从而提高坐荚、商品率。

实习七　蔬菜漂浮育苗技术

一、实习目的和要求

掌握漂浮育苗技术的应用；漂浮育苗技术的操作过程；漂浮育苗管理及病虫害防治。

二、实习材料及用具

辣椒或番茄种子、空心砖、塑料薄膜、水管、锄头、镰刀、生石灰、漂浮育苗盘、漂浮育苗基质、播种器等。

三、实习内容

漂浮育苗是一项新的育苗方法，是将装有轻质育苗基质的泡沫穴盘漂浮于水面上，种子播于基质中，秧苗在育苗基质中扎根生长，并能从基质和水床中吸收水分和养分的育苗方法。

漂浮育苗是多用于生长期较短的绿叶类蔬菜、烟草等植物的一种农业种植技术，可保证植物生长的一致性，避免传统栽培方式引起的土壤病虫害问题，被广泛用于世界各地的温室种植。对于某些蔬菜作物，在温室利用漂浮育苗进行植物的栽培生产，能带来更大的收益率，更高的质量，并延长收获时间，限制并减少农药的使用量。

通过实习，使学生了解漂浮育苗的基本原理，掌握基本的漂浮育苗方法并能用于生产实际。

四、实习方法与教学手段

教师在田间全程指导、讲解，学生提问，学生在实习指导教师的指导下完成全部实习内容。每个小组每天或隔天到田间观察（可以轮流下地观察）生长情况，记录苗情，并定期讨论及进行苗期管理等。

五、实习组织与注意事项

实习期间的组织工作由主讲教师全面负责，为保证实习顺利进行，每组同学之间必须互相配合，共同合作，做好各项工作，并及时做好记录。

六、实习过程

1. 育苗场地选择

育苗场地应选择在背风向阳，无污染、水源方便、排水顺畅，交通便利，容易平整的地方稻田或坪地。离住户较近要搭设围栏，防止家禽、家畜进入危害。

2. 苗棚设施建设

（1）育苗棚的建造。

一般规格为 30 m×6 m×（2.3 ~2.5）m。每个大棚拱距为 1.2 m，建造时要用科学方法放线，确保大棚地面四个角为 90°，整个拱棚在一个弧面上。小拱棚的建造规格为 29.5 m×1.45 m×（0.45 ~ 0.5）m。塑料大棚膜选择聚氯乙烯无滴长寿膜[35 m×8 m×（0.08 ~ 0.1）mm]，小拱棚膜选择农膜[2 m×（0.02 ~ 0.03）mm]。穴盘在营养池的摆放整齐规矩，空隙适度。中棚和小棚建设也可根据各地实际情况设计建造。

（2）营养池的建造。

建设永久性营养池可以选用空心轻型砖或者建筑工程砖加灰浆筑建池埂，临时使用育苗池可直接在平地挖建。营养池规格长宽应是育苗盘长宽整数倍多 2 cm，以便放盘取盘（长宽均为内空）。

筑建营养池先铲平棚内场地，筑埂后用水平仪或细塑料管简易水平测量法找出水平面，使每个池的底面水平高差不超过 1 cm。要用科学方法放线确保每个营养池的四个角为 90°，最大限度地利用大棚空间，力争育苗有效空间≥83%。

（3）配备安全设施。

大棚和中棚一端安装开启方便的小门，且设有 40 目的防虫网。棚两侧安装规格为 40 目的防虫网，防止昆虫飞入棚内。同时，棚两侧设围膜，围膜高为 1 m 左右，并用钢丝或压膜线固定，棚膜用压膜带压紧、拉平，防止棚膜积水、漏水、滴水打坏种苗。小棚要设好防风口，便于通风排湿。

3. 育苗盘和育苗基质的准备

育苗穴盘由聚苯乙烯泡沫塑料制成，根据蔬菜种苗大小确定不同规格穴盘，穴盘可选择 78 孔、108 孔、200 孔等泡沫穴盘，不同规格穴盘对成本影响很大，需根据具体要求选择不同规格穴盘（如辣椒适合 200 孔，茄子、丝瓜、苦瓜适合 108 孔或 78 孔）。目前，还没有蔬菜漂浮育苗专用盘，可用烟草专用育苗穴盘代替。

育苗基质可使用目前市面上的优质育苗基质，也可自己配制，方法：用陈锯末、生产食用菌废料等轻型基质，混入各种有机、无机肥料，堆沤发酵腐熟后过筛备用。漂浮育苗基质要求容重较轻，且肥沃、疏松、透气，既便于装盘后在营养液中浮起，又便于蔬菜幼苗生长。

4. 基质装盘

育苗盘除首次使用的新盘外，育苗前旧盘都必须消毒，具体方法：用 0.1% ~ 0.5%的高锰酸钾溶液将苗盘浸泡 4 h 以上；或用 1% ~ 2%的福尔马林液将苗盘喷湿，然后用塑料薄膜覆盖熏蒸 24 h；还可用 10%的漂白粉浸泡 10 ~ 20 min。然后再用清水将苗盘洗净备用，防止病菌通过育苗盘传播。装盘时，先将育苗基质倒在洁净的塑料布或水泥地面上，调整好基质的湿度，使其水分含量达到手握成团、齐胸落地即散的程度。然后将育苗基质铲放在育苗盘上，用木片将基质刮平推入育苗穴中，使每穴内基质装填均匀、松紧适度。装盘时应注意，一是基质不能过湿或过干，过湿容易导致装填过实，过干则容易因装填不实导致苗穴底部搁空，基质不能与营养液接触，进而形成干穴，使种子不能萌芽生长；二是填装时不能用力将基质向穴内按压，防止因基质填装过实，透气性差，影响幼苗根系发育；三是装填量不能过大，将苗盘装满刮平即可，防止苗盘漂放后入水过深、盘面过湿，滋生绿藻；四是如果基质颗粒较细，应适当装松一些，否则就应装紧一些；五是绝对不能在蔬菜发病田装盘。

5. 播种盖籽

播种时间主要根据各地气候与移栽时间确定，一般在 2 月下旬至 3 月上中旬。蔬菜基地种苗要求时间上与普通农户有明显区别，在播种时要做好详细规划，如早春辣椒苗要经过大概 4 个月才能出优质壮苗，故播种时间一定要有计划，分批次播种，保证在最适合的时间提供优质壮苗。

种子播种前最好先浸种、消毒、催芽，每穴内播 1 ~ 2 粒刚破胸种子，然后用过筛的细碎基质盖种，厚度以将种子盖严为度。注意不可覆盖过厚，否则影响出苗。播种后用特制覆盖料进行覆盖，覆盖料要求质清、疏松、有营养，覆盖前用恶霉灵进行消毒。

6. 注水漂苗

蔬菜采取漂浮育苗，首先水质必须符合标准。经消毒和过滤的自来水、井水、山泉水及无污染的河水均可用于漂浮育苗，但坑塘水、沟渠水不能使用，以防各种病害发生。注水一般在漂苗前 2 ~ 3 天进行，如果播种前气温较低，注水时间还应适当提前。注水深度为 10 cm，注水后每吨水撒入 10 ~ 20 g 多菌灵或漂白粉消毒，随后严实覆膜促池水温度提高，1 ~ 2 天后揭膜搅动，使水中氯气逸出。另外，注水后还应仔细观察池内水是否有渗漏现象，若农膜破损，池水渗漏，必须立即补好或更换新膜，然后重新注水。种子播后，当天就应将苗盘漂放于备好的育苗池中，防止因基质失水影响出苗。

7. 播后管理

（1）温度管理。

在蔬菜育苗过程中，各阶段的温度管理侧重点不同。播种到出苗期以保温为主，使出苗整齐一致，尽快出苗。但若棚内气温超过 30 ℃应通风降温，以免出现高温烧苗。齐苗后，气温明显回升，要特别注意通风降温，防止高温烧苗。

（2）湿度管理。

播种至齐苗期以保湿为主，保持盘内基质湿润，棚内相对湿度在 85% 左右，发现水分不足应及时喷水补救。齐苗后，应增加通风次数，延长通风时间，逐步降低湿度，促苗生长健壮。移栽前，应将膜两端卷起，加大通风量，使幼苗逐步适应外部自然环境。

（3）光照管理。

阴雨天阳光不足，使用专用植物育苗灯增加光照，能够壮苗壮根，提高种苗质量和成活率。

（4）营养液管理。

调配育苗营养液的肥料，可购买烟叶漂浮育苗专用肥，也可购买水培蔬菜专用肥。漂苗前每立方米水中按 1 kg 用量加入育苗专用肥，具体方法：先用热水将肥料溶解，然后再倒入育苗池中搅匀，加清水使池内水深度达到 10 cm。幼苗移栽前 15 天追肥，肥料用量仍为 1 kg/m^3。具体追肥方法：先将池内水加到 10 cm 深，然后将肥料用热水溶解后稀释，把育苗盘取出，将稀释后的肥液均匀泼洒于池中，再将育苗盘放回。切忌直接从育苗盘上方泼洒肥料。在育苗过程中，池中营养液深度会因水分蒸发而降低，发现后应及时添加，防止营养液浓度过高引起“烧苗”。

8. 间苗、定苗

齐苗后间苗、定苗，保证每穴有 1 株生长健壮的幼苗即可。缺苗的空穴，可在本育苗池内取健康苗补栽，严禁从棚外取苗，防止将病虫带入棚内。

9. 病虫害防治

（1）病害防治。

蔬菜采用漂浮育苗，可以有效控制土传性病害的发生。但育苗期间，如果操作管理不当，也有可能将病菌带入棚中。由于育苗棚内温度高、湿度大、苗子密，一旦病菌带入棚中，极易暴发成灾。因此，对病害的监控和防治仍需高度重视。其防治措施：一是保持苗床卫生；二是经常通风排湿，加强光照；三是不从棚外取苗补栽；四是察觉发病，应及时喷施对症药剂防治，但要注意不在正午高温时喷药。病害主要有猝倒病、霜霉病、软腐病等，具体防治方法为每隔 5 ~ 7 天喷施普力克、腐霉利、恶霉灵等农药。

（2）虫害防治。

蔬菜漂浮育苗的虫害主要有蛞蝓、蜗牛、蚜虫。防治蛞蝓和蜗牛，可在播种时与出苗后，在每个浮盘上均匀撒 8 ~ 10 粒密达；防治蚜虫可在齐苗后，每隔 10 ~ 15 天喷施 1 次敌虱蚜或者蚍虫林。

10. 栽前炼苗

菜苗移栽前，应揭开棚两端农膜（注意盖好防虫网），加强通风透光。移栽前 7 ~ 10 天排掉池中营养液，对幼苗进行间隔性断肥、断水，强化炼苗，通过炼苗增强幼苗对不良环境的适应能力，提高幼苗移栽后的成活率。

七、实习报告

要求学生根据所实习内容，结合课堂所学知识和所收集资料，整理撰写实习报告一份。

实习八　油枯发酵技术

一、实习目的和要求

了解油枯发酵的重要性；充分认识有机肥施用的重要作用；熟练掌握油枯发酵操作流程。

二、实习材料及用具

生油枯（菜籽饼、豆饼、花生饼）、生物发酵剂、锄头、水桶、水管、杨铲等。

三、实习内容

菜籽饼、花生饼、豆饼等都属于油枯，成为许多果树种植户、花卉种植户、蔬菜种植户提高肥效、改良土壤的重要肥源。但是未发酵或发酵不充分的油枯施用到土壤当中后，有机质没有分解转化，无法被作物很好地吸收利用，且非常容易造成烧苗，不能直接使用，必须经过充分发酵腐熟才能使用。发酵后的油枯具有提高肥效、抑制病菌伤害、改良土壤、促进作物吸收的作用。

通过实习，学生能够掌握油枯作为肥料使用的重要注意事项，并熟练掌握常见的油枯发酵技术。

四、实习方法与教学手段说明

教师全程指导、讲解。学生实际操作，在实习指导教师的指导下完成全部实习内容。

实习周期为整个发酵周期。发酵过程及发酵前后记录发酵情况、发酵效果等，讨论并思考改进措施。

五、实习注意事项

（1）为保证实习顺利进行，每组同学之间必须互相配合，共同合作，做好各项工作，并及时做好记录。

（2）发酵期间，密切注意发酵温度，防止温度过高或过低。温度过高，微生物体内的酶会失活，还有各种生物化学反应都没法顺利进行。温度过低，微生物体内的酶催化活性又不够，发酵周期长。

六、实习考查

考查的依据：实习中的表现；观察、分析问题的能力；参与次数；实习报告的编写水平。

成绩评定分为优秀、良好、中等、差、不合格。凡未交原始记录资料和实习报告或伪造资料或抄袭别人的实习报告者均作不合格处理。

七、具体实施过程

（1）在操作地上铺上塑料膜，将发酵用的油枯堆放在上面；

（2）用锄头、杨铲等工具将油枯捣碎，便于发酵；

（3）按照油枯与水 2∶1 的比例准备，并以每斤油枯 3 g 发酵剂的比例将发酵剂与水混拌均匀；或者是准备好牲畜类粪便和发酵剂，将它们全部放在油枯里一起发酵，也可以快速地达到想要的效果，而且这样发酵还不需要太多的成本，发酵出来的肥料营养也比较丰富。

（4）将混合水浇于油枯上并搅拌均匀（边搅拌边补水，避免一次性加水过多），待水分合适后停止补水。（水分合适与否判断方法：手抓一把拌匀的油枯，指缝见水但不滴水，落地即散。）

（5）拌匀后的油枯装于塑料袋中扎口或用底下的塑料膜包裹并密封置于阳光下或堆积成高 1 米左右的梯形，宽 1 ~ 2 m，长不限，上面盖上塑料布或其他的能遮阳避雨的东西并让其发酵。随着温度升高，好热厌氧性型的微生物逐渐起到主导作用，持续对堆肥中的复杂有机质进行分解，热量积累，可将温度上升至 60 ~ 70 ℃。这对加快堆肥的腐熟有很重要的作用。处理不当的堆肥，只有很短的高温期，或者根本达不到高温的程度，因而腐熟慢，而且不达标。随着高温的持续，堆肥中的有机质逐渐被分解完全，剩下的都是难以分解或不能分解的物质，微生物的活动逐渐减弱，温度也逐渐下降。当看到整体发黑并带有白色菌丝体就算发酵完成。若是温度比较高，一周左右的时间就可完成发酵。若是温度低，发酵的时间就会延长到 2 ~ 3 个月。

（6）发酵结束后将油枯在通风、遮阴的条件下晾晒，以便于油枯的菌群增加、营养成分增加和杂菌降低。

八、实习作业

（1）观察发酵结果，分析发酵过程中的问题，思考原因，提出解决问题的办法。

（2）总结实习过程，完成实习报告一篇，不低于 800 字。

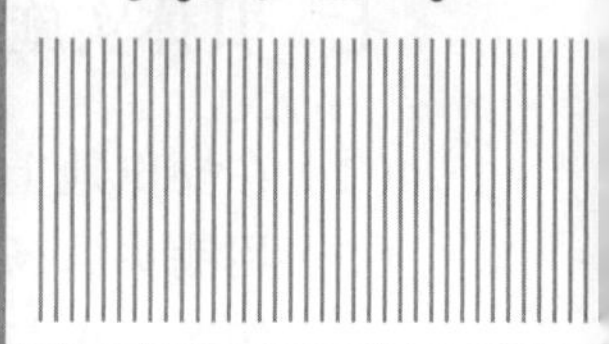

第九章 耕作学实习

实习一　耕作制度的调查与辨识

一、实习目的

（1）了解耕作制度的基本内容。

（2）掌握耕作制度的建立方法。

（3）运用所掌握的生态学与耕作学知识，学会分析种植制度与资源关系的方法，为耕作制度设计奠定基础。

二、实习内容

（1）作物种植制度的历史演变和现状。调查近十年所调查地区的农作物布局，复种指数上的变化，现行的作物种类，面积比例，主要复种方式，间混套作的类型及田间配置，轮作与连作的方式等。

（2）与种植制度相适应的养地制度的历史演变和现状，包括该地的土壤耕作、施肥、灌溉以及农田养护措施。

三、实习方法和手段

整理有关基础性资料，结合走访农业农村部门、统计部门、气象部门、生产部门负责人和实地调查的方法。

四、实习组织运行要求

采用以学生自主训练为主的开放模式组织教学。

五、实习条件

本实习材料与用具，主要包括拟调查生产单位所在县、乡的农业区划、土壤普查、农业生产统计及抽查资料。

六、实习步骤

（1）在实验室内整理有关基础性资料，对拟调查的单位有一个基本的认识。

（2）到有关部门访问，补充基础性资料中缺少的数据与资料。主要走访农业部门、统计部门及生产部门负责人。

（3）实地调查。调查记载地形、地貌、水文、植被、耕地利用类型、作物分布、主要种植方式、农业现代化设备与装备情况，并对基础性资料进行验证，绘制作物分布与土地利用示意图。

（4）典型调查。学生几人为一组，每组选择 2～3 户，详细调查作物布局、轮作、连作、间套作类型与技术、土壤耕作、施肥、灌水等内容，并认真填写作业中相应的调查表格。

（5）资料整理与分析。在调查结束前，对调查资料进行计算与分析。

七、耕作制度实地调查及表格完成

单位名称：________省______地区（市）_________县_________乡__________村

1. 作物布局

表 9-1　粮食作物组成

粮食作物种类	小麦	玉米	大豆	水稻	…
播种面积/亩					
占总播种面积/%					
单产/（kg/亩）					
总产/kg					
产值/（元/亩）					

表 9-2　经济、饲料作物组成

品名	茶叶	咖啡	烤烟	甘蔗	饲料	…
播种面积/亩						
占总播种面积/%						
单产/（kg/亩）						
总产/kg						
产值/（元/亩）						

2. 复　种

表 9-3　历年复种指数

年份												
复种指数												

表 9-4　主要复种方式及其作物

月份	1	2	3	4	5	6	7	8	9	10	11	12
例如：小麦-玉米												

3.间套混作类型及田间配置，并绘出主要类型示意图

表 9-5　典型户（地块）作物轮换顺序

年　份	2016	2017	2018	2019	2020	2021	2022
例（1）	玉米	棉花	棉花	棉花	大麦-大豆	小麦/玉米	小麦/玉米

全年不同复种方式类型示意如表 9-6 所示。

表 9-6　某地区春玉米/甘薯-冬小麦种植模式示意

1 月	2 月	3 月	4 月	5 月	6 月	7 月	8 月	9 月	10 月	11 月	12 月
		春玉米								冬小麦	
				套种			甘薯				

4. 土壤耕作与养地培肥

表 9-7　肥料投入量（单位：kg/亩）

肥料种类	标肥	折合养分			养分平衡情况	备注
		N	P_2O_5	K_2O		
氮肥						
磷肥						
钾肥						
有机肥						
豆科作物						
秸杆						
绿肥						
农家肥						
厩肥						
…						
共计						

表 9-8　主要作物的施肥状况

作物	化　肥			有机肥			肥料产投比	化肥产投比
	N	P_2O_5	K_2O	N	P_2O_5	K_2O		

表 9-9　土壤耕作制

<table>
<tr><td>月份</td><td>1</td><td>2</td><td>3</td><td>4</td><td>5</td><td>6</td><td>7</td><td>8</td><td>9</td><td>10</td><td>11</td><td>12</td></tr>
<tr><td>例如：小麦-玉米</td><td></td><td></td><td></td><td></td><td colspan="3">浅耕 15 cm
播玉米</td><td></td><td colspan="3">深耕 20 cm
播冬小麦</td><td></td></tr>
<tr><td></td><td></td><td></td><td></td><td></td><td colspan="3"></td><td></td><td colspan="3"></td><td></td></tr>
<tr><td></td><td></td><td></td><td></td><td></td><td colspan="3"></td><td></td><td colspan="3"></td><td></td></tr>
</table>

八、实习作业

（1）根据调查资料，综合评价调查单位的耕作制度，提出意见及建议。

（2）将实习情况进行总结，完成一篇实习报告。

实习二　耕作制度相关资源的调查与辨识

一、实习目的

（1）掌握耕作制度有关农业资源的调查内容与方法。

（2）运用所掌握的生态学与耕作学知识，学会分析种植制度与资源关系的方法，为耕作制度设计奠定基础。

（3）使学生了解与耕作制度建立有关的主要农业资源，即光资源、热量资源、水资源、土地资源、植物资源以及社会经济、科学技术、信息资源，掌握辨识常用的指标及其辨识方法。

二、实习材料及用具

基础资料：拟调查的生产单位所在县、乡的农业区划、土壤普查、农业生产统计及抽查资料，气象资料，水文资料，生物品种资源调查资料等。

调查用具：计算器、海拔仪、经纬仪、测高仪、钢卷尺、土壤铲、记录标准纸等。

三、实习内容

1. 与耕作制度有关的农业资源调查与分析

（1）调查了解本地区的自然条件、生产及社会经济条件。

① 气候条件：包括一年内的温度变化及年均温，各农业界限的积温量。年极端温度及日期，年初终霜及年无霜期，年降水分布及降水量，空气温度及蒸降比，日照风力，冷冻、旱涝及干热风、冰雹等灾害性天气的发生规律。

② 土壤条件：包括地形、地貌、土壤种类及土壤肥力，各种作物的生产性能等，绘制1∶（2 000～4 000）的土壤类型分布图。

③ 水文资料：地上、地下水源，水质，水位，年地下水开采量及最大可开采量。

④ 生产条件：主要考虑农业生产条件对土壤肥力及环境的改善对作物的影响，包括每亩耕地可灌水、施肥数量及农业机械的作用程度。

⑤ 生物资源：主要调查该地现有的农业生物类型、品种资源与品种，包括大田作物、林木、果树、蔬菜、花卉等，还包括适宜的家畜、家畜品种以及水生动植物等。

（2）调查结果整理。

① 自然条件。

温度：年平均气温______℃，无霜期______天，>0 ℃积温_____ ℃，>10 ℃积温______℃，各月平均气温（填于表 9-10 中）。

表 9-10　气候条件

月份	1	2	3	4	5	6	7	8	9	10	11	12	全年
气温/℃													
降水量/mm													

光照：年均日照时数______h，日照百分率______%，年总辐射量______kcal/cm^2。

降水：年平均降水量______mm，各月平均降水量______mm。

水资源：地表水______m^3/km^2；地下水______m^3/km^2，深埋______m。

地形地貌：海拔______m，坡度______，水土流失量______t/km^2。

表 9-11　地形地貌

类型	平原	丘陵	山地	高原	盆地
占地/%					
占耕地/%					

表 9-12　自然灾害

类型	旱灾	涝灾	盐碱	冰雹	风灾	雪灾	其他
频率/%							
影响耕地面积/%							

② 生产条件调查。

土地：面积______亩，垦殖率______%，其中耕地面积______亩，占______%，林地面积______亩，占______%，自然草地面积______亩，占______%。

土壤：类型（1）______（2）______（3）______（4）______。

质地：（1）______（2）______（3）______（4）______。

pH______，土地有机质______%，速效磷______μg/mL。

水利：耕地中水田______亩，占______%，水浇地______亩，占______%，旱地______亩，占______%。

灌溉水来源：井灌______%，地上水灌______%。扩大水浇地的可能性______。

肥料：有机肥施用量______m^3/亩，质量______。化肥施用量：标准氮肥______kg/亩，标准磷肥______kg/亩，亩施用肥料量（纯）氮______kg/亩，P_2O_5______kg/亩，K_2O______kg/亩。

人口劳力：农业人口______人，人均耕地______亩/人，农林牧副渔劳动力______人，劳均耕地______亩/劳力。

牧畜：牛马骡______头，______头/亩，驴______头，______头/亩，猪______头，______头/亩，羊______只，______只/亩，鸡、鸭、兔______只，______只/亩。

农业机械化水平：大中型拖拉机______台，______马力，每台负担耕地面积______亩/台，小型拖拉机______台，______马力，每台负担耕地面积______亩/台。

灌排动力：机具______W，______W/亩，水泵______台，______kW。大中型农具______台。

能源：

生活用燃料结构：秸秆______%，煤______%，薪炭______%，其他______%，农村用电量______kW·h/亩。

秸秆使用结构：燃料______%，饲料______%，直接还田______%，其他______%；

农药：杀虫剂______元/亩，杀菌剂______元/亩，除草剂______元/亩，作物生长条件剂______元/亩。

2. 与耕作制度有关的社会经济条件调查分析

（1）调查项目。

① 农业现代化的水平：主要指农业装备、农业技术及管理水平。农业装备包括农业机械化，水利化，农药的施用量，农用油、农用电的拥有量与时间分配等。

② 农业生产的社会经济因素：包括效益、价格、市场、经济结构、劳动资金、乡镇企业等。本调查着重生产的效益、结构和市场三个方面。效益包括两个方面，某一作物或种植方式的经济效益及不同作物或种植方式之间的比较效益。结构包括农林牧副渔五业产值构成及种植业内部不同类型作物的产值比例。

③ 科学技术因素：新品种应用，栽培管理新技术，智能化、信息化水平等。

④ 生产人员素质：包括农业技术人员配备、农民文化科学素质、农艺水平等。

（2）调查结果填写及整理。

调查位置：______；交通情况：______。

需要：粮食______kg，人均口粮______kg/人，粮食消费结构：口粮______kg，人均口粮______kg，饲料粮______kg，工业用粮______kg，其他用粮______kg，商品粮______kg。食用油______kg，人均食用油______kg/人。

市场销售：畅销______；平______；积压______。

表 9-13 主要农产品价格与生产成本

农产品	价格/（元/kg）	生产成本/（元/kg）
水稻		
小麦		
玉米		
烤烟		
甘薯		
甘蔗		
牛肉		
猪肉		
禽肉		
牛奶		
鸡蛋		
…		

表 9-14　农业生产资料价格

品名	碳铵	硫铵	尿素	过酸磷钙	农药	电	机耕	柴油
单位	kg	kg	kg	kg	kg	kW·h	元/亩	kg
单价/元								

表 9-15　农业生产结构

项目	农业	种植业	牧业	林业	副业	渔业
产值/元						
结构/%						

四、实习方法与教学手段说明

整理有关基础性资料，结合走访农业部门、统计部门及生产部门负责人和实地调查的方法，采用以学生自调查研究为主、教师指导为辅的开放模式组织教学。

五、实习考查

考查依据：实习中的表现；观察、分析问题的能力；参与次数；实习报告的编写水平。

成绩评定分为合格与不合格。凡未交原始记录资料和实习报告或伪造资料或抄袭别人的实习报告者均作不合格处理。

六、实习过程

（1）在实习室内整理有关基础性资料，对拟调查的单位有一个基本的认识。

（2）到有关部门访问，补充基础性资料中缺少的数据与资料，主要走访农业部门、统计部门及生产部门负责人。

上述两项内容可安排 2～3 天的时间教学实习，将学生分组，全部工作由学生独立完成。

（3）实地调查。调查记载地形、地貌、水文、植被、耕地利用类型、作物分布、主要种植方式、农业现代化设备与装备情况，并对基础性资料进行验证，绘制作物分布与土地利用示意图，填写调查表中所列的项目。

（4）典型调查。学生几人分为一组，每组选择 2～3 户，详细调查作物布局、轮作、连作、间套作类型与技术，土壤耕作、施肥、灌水等内容，并认真填写作业中相应的调查表格。

（5）资料整理与分析。在调查结束前，对调查表中的内容进行一次全面的核准与检查，对数据不准，或无法填写的内容标明其原因及弥补方法，对调查资料进行计算与分析。

七、实习作业

（1）当地自然资源与社会经济条件的特点，存在的问题、潜力与进一步发展的措施及建议。

（2）耕作制度的特点、问题、潜力与耕作改制的措施及建议。

（3）综合评价，分析当地资源利用情况好坏及其原因，提出合理化建议。

（4）整理实习结果，完成实习报告。

实习三　耕作制度实地参观验证及分析

一、实习目的和要求

（1）通过农业生产实地参观学习，大体了解当地气候资源、土壤状况等，对当地作物布局有一个初步的设计理念。

（2）大体了解当地的作物种类及分布，并作出分析。

（3）通过实地考察，掌握不同栽培制度对应的耕作方法，加深对耕作制度的了解和认识。

（4）结合对文献资料的学习，了解耕作制度（种植制度和养地制度）的意义及其方法，对照实地考察所得，深刻把握用养结合的必要性并掌握土壤可持续性利用的基本理论及方法。

二、实习用品

小组需带的用品：标本夹、记录簿（1本）、标本号牌、直尺、皮尺（5 m左右）。

个人需带的用品：笔记本、球鞋、长衣长裤、雨具、太阳帽、防蚊虫用品及其他必要用品等。

三、教学方法与实习组织

教师在田间全程指导、讲解，学生提问，学生在实习指导教师的指导下完成全部实习内容。

实习期间的组织工作由主讲教师全面负责。

实习地点：选择有代表性、作物分布较多、规模较大的地域作为实地考察点。

根据班级情况分组安排，10人为一小组，每组指定一名小组长，负责清点人数，途中管理等。

四、实习注意事项

（1）为保证实习顺利进行，每组同学之间必须互相配合，共同合作，做好各项工作，并及时做好记录。

（2）乘车外出及田间实习时，必须注意安全。

五、考　查

考查依据：实习中的个人表现；观察、分析问题的能力；参与次数；实习报告的编写水平等。

成绩评定分为优秀、良好、中等、差、不合格。凡未交原始记录资料和实习报告或伪造资料或抄袭别人的实习报告者均作不合格处理。

六、具体实施

（1）考察地当地气候的考察和体验（通过实地感受和认真听取考察地周边农户的介绍，了解考察地点的气候条件、水文条件和土壤条件，做好笔记，了解当地作物基本构成）。

（2）考察地作物种类及布局（了解参观地作物种类构成及其布局、品种特性、栽培特性、当地适应性及基本耕作方法）。

（3）通过村民了解当地的耕作制度、用养地实际方法、耕作制度的历史变迁。

（4）通过实地考察，核对气象、水文、土壤等相关资料，验证考察地耕作制度的适应性及提出改进方法。

七、作　业

（1）每位同学根据实习内容完成一篇实习报告（实习心得），不少于 1 000 字。

（2）整理绘制一份作物布局图。

实习四　农业公司年度种植规划

一、实习目的和要求

（1）掌握农业生产相关资料的收集、整理、分析方法。

（2）熟悉相关蔬菜对环境条件的要求、种植技术、病虫害防治技术等。

（3）熟悉蔬菜种植生产资料，能够有针对性地进行生产资料的选择、安排。

（4）学会市场分析，能够对历年种植情况进行总结归纳，提出适宜的种植规划。

二、实习用品

相关蔬菜种植技术资料、农业生产资料、产量及经济效益资料、计算器、笔记本、草稿纸、电脑、近三年历年种植制度等。

三、教学方法与实习组织

教师引导学生熟悉相关资料，根据本生产单位实际生产情况，市场反响情况，经济效益情况，农田耕作、培肥及保护情况，经济效益目标等进行生产单位的年度生产规划。

可以进行分组讨论，每 3 ~ 5 人一组，完成年度生产规划并进行展示分享，教师根据各小组规划情况进行点评。

四、考　查

考查依据：实习中的个人表现；观察、分析问题的能力；小组汇报情况；实习报告的编写水平等。

成绩评定分为优秀、良好、中等、差、不合格。凡未参与种植规划的制定和未提交实习报告者均作不合格处理。

五、具体实施

（1）考察本生产单位近三年生产计划及生产情况、用工情况及投入产出情况。

（2）考察病虫害发生及防治情况，所在地灾害发生情况。

（3）本生产单位上一年种植制度及耕作制度，包含但不限于地块分区、面积、土壤状况、交通便利情况、水资源供应情况等。

（4）本生产单位未来几年主要蔬菜发展方向、本年度经济目标。

（5）本年度蔬菜种植制度，包括但不限于蔬菜种类、种植面积、占地月份、市场供应季节等。

（6）本年度人工、农药、化肥、有机肥、种子、用电、燃油等投入预算。

（7）完成本生产单位蔬菜种植规划表并讨论其可行性。

六、作　业

（1）根据附录表 A13 正龙试验区 2024 年有机蔬菜种植规划，制定该试验区下一年种植规划。

（2）针对制定的种植规划，结合市场分析，讨论其可行性及效益产出。

附　录

附录A　常见作物的部分参数

表A1　常见作物种子千粒重

作物	千粒重/g	每千克粒数
水稻	18～34	29 400～55 000
粳稻	25～321	31 200～40 000
籼稻	18～25	4 000～5 000
小麦	23～58	17 200～43 400
玉米	180～500	200～5 560
高粱	20～34	29 400～50 000
谷子	2.2～4.0	20 000～45 000
大麦	20～48	20 800～50 000
大豆	110～250	400～9 000
豌豆	110～400	2 600～9 000
蚕豆	500～900	1 120～2 000
绿豆	30～40	25 000～33 400
棉花	80～135	7 400～12 600
油菜	1.4～5.74	174 000～714 000
向日葵	40～200	5 000～25 000
芝麻	2～4	250 000～500 000
黄麻	2～43	333 400～500 000
甜菜	18～22	45 400～55 000

表 A2　常见蔬菜种子千粒重及播种用种量

种类	千粒重/g	粒数/g	播种量/（g/亩）	
			育苗	直播
小白菜	1.8 ~ 3	400 ~ 500	100 ~ 150	250 ~ 500
大白菜	2.5 ~ 4	300 ~ 400	50 ~ 60	150
娃娃菜	2.5 ~ 4	300 ~ 400	50 ~ 60	150 ~ 200
生菜	0.5 ~ 1.2	800 ~ 2 000	20 ~ 25	30 ~ 50
芹菜	0.5 ~ 0.6	1 667 ~ 2 000	100 ~ 150	500 ~ 800
芥蓝	2.5 ~ 3.2	303 ~ 400	50	
菜花	2.5 ~ 4.2	236 ~ 400	25 ~ 50	
甘蓝	3.3 ~ 4.5	233 ~ 333	30 ~ 50	
菠菜	8 ~ 9.2	100 ~ 125		2 500 ~ 5 000
茼蒿	1.6 ~ 2	500 ~ 625		1 500 ~ 2 000
韭菜	2.8 ~ 4.5	256 ~ 357		1 800 ~ 2 000
大葱	2.8 ~ 3.5	286 ~ 330	250 ~ 300	
洋葱	3.1 ~ 4.6	220 ~ 320		400 ~ 500
小番茄	2.5 ~ 3.3	300 ~ 350	6 ~ 8	
大番茄	3.2 ~ 4	250 ~ 350	25 ~ 30	50 ~ 100
茄子	3.5 ~ 5.2	195 ~ 250	50	
甜辣椒	4.5 ~ 7.5	126 ~ 200	35 ~ 50	100 ~ 150
大萝卜	7 ~ 13.8	92 ~ 143		450 ~ 500
小萝卜	8 ~ 10	100 ~ 125		1 000 ~ 1 500
胡萝卜	1.2 ~ 1.5	666 ~ 900		300 ~ 500
黄瓜	20 ~ 35	32 ~ 46	90 ~ 125	200 ~ 240
冬瓜	42 ~ 59	17 ~ 24	100 ~ 150	
丝瓜	100 ~ 120	8 ~ 10	120 ~ 300	
苦瓜	139 ~ 180	5 ~ 7	300	600 ~ 1 000
南瓜	140 ~ 350	3 ~ 7	200 ~ 300	200 ~ 400
西葫芦	140 ~ 200	5 ~ 10	300	400
厚皮甜瓜	30 ~ 55	18 ~ 52	65 ~ 75	100
薄皮甜瓜	9 ~ 20	50 ~ 110	50 ~ 70	100
西瓜	30 ~ 140	8 ~ 32	60	100 ~ 150
豌豆	150 ~ 400	3 ~ 7		4 000 ~ 5 000

表 A3　常见作物单位产量养分吸收量（单位：kg/100 kg）

作物	形成 100 kg 经济产量所吸收的养分量			
	收获物	N	P_2O_5	K_2O
水稻	籽粒	2.25	1.1	2.7
冬小麦	籽粒	3	1.25	2.5
春小麦	籽粒	3	1	2.5
大麦	籽粒	2.7	0.9	2.2
玉米	籽粒	2.57	0.86	2.14
谷子	籽粒	2.5	1.25	1.75
高粱	籽粒	2.6	1.3	1.3
甘薯	鲜块根	0.35	0.18	0.55
马铃薯	鲜块根	0.5	0.2	1.06
大豆	豆粒	7.2	1.8	4
豌豆	豆粒	3.09	0.86	2.86
花生	荚果	6.8	1.3	3.8
棉花	籽棉	5	1.8	4
油菜	菜籽	5.8	2.5	1.3
芝麻	籽粒	8.23	2.07	4.41
烟草	鲜叶	1.1	0.7	1.1
人麻	纤维	8	2.3	5
甜菜	块根	0.4	0.15	0.6
甘蔗	茎	0.19	0.07	0.3
黄瓜	果实	0.4	0.35	0.55
架云豆	果实	0.81	0.23	0.68
茄子	果实	0.3	0.1	0.4
番茄	果实	0.45	0.5	0.5
胡萝卜	块根	0.31	0.1	0.5
萝卜	块根	0.6	0.31	0.5
卷心菜	叶球	0.41	0.05	0.38
洋葱	葱头	0.27	0.12	0.23
芹菜	全株	0.16	0.08	0.42
菠菜	全株	0.36	0.18	0.52

续表

作物	形成 100 kg 经济产量所吸收的养分量			
	收获物	N	P_2O_5	K_2O
大葱	全株	0.3	0.12	0.4
柑橘（温州蜜柑）	果实	0.6	0.11	0.4
苹果（国光）	果实	0.3	0.08	0.32
梨（廿世纪）	果实	0.47	0.23	0.18
柿（富有）	果实	0.59	0.14	0.54
葡萄（玫瑰露）	果实	0.6	0.3	0.72
桃（白凤）	果实	0.48	0.2	0.76

表 A4　作物各器官养分含量

作物	N/%	P_2O_5/%	K_2O/%
小麦　籽粒	2.08	0.7	0.5
基叶	0.5	0.2	0.6
玉米　籽粒	1.28	0.6	0.4
基叶	0.78	0.4	0.6
大豆　籽粒	5.09	1.0	1.3
基叶	1.07	0.3	0.5
甘薯　干块根	0.96	0.5	2.5
基叶	1.65	0.25	2.5
水稻　籽粒	1.4	0.6	0.3
基叶	0.6	0.1	0.9
棉花　籽棉	3.7	1.1	1.1
基叶	0.6	1.4	0.9
花生　籽粒	4.4	0.5	0.8
基叶	3.2	0.4	1.2
绿肥（鲜）	0.5	0.1	0.4

表 A5　玉米种植密度与株行距对照表

玉米种植密度(株/666.7 m^2)=10 000×666.7 m^2/[平均行距（cm）×平均株距（cm）]								
平均株距/cm	平均行距/cm							
	40	45	50	55	60	65	70	75
15	11 112	9 877	8 889	8 081	7 408	6 838	6 350	5 926
16	10 417	9 260	8 334	7 576	6 945	6 411	5 953	5 556
17	9 804	8 715	7 844	7 130	6 536	6 033	5 603	5 229

续表

平均株距/cm	平均行距/cm							
	40	45	50	55	60	65	70	75
18	9 260	8 231	7 408	6 734	6173	5 698	5 291	4 939
19	8 772	7 798	7 018	6 380	5 848	5 398	5 013	4 679
20	8 334	7 408	6 667	6 061	5 556	5 128	4 762	4 445
21	7 937	7 055	6 350	5 772	5 291	4 884	4 535	4 233
22	7 576	6 734	6 061	5 510	5 051	4 662	4 329	4 041
23	7 247	6 442	5 797	5 270	4 831	4 460	4 141	3 865
24	6 945	6 173	5 556	5 051	4 630	4 274	3 968	3 704
25	6 667	5 926	5 334	4 849	4 445	4 103	3 810	3 556
26	6 411	5 698	5 128	4 662	4 274	3 945	3 663	3 419
27	6 173	5 487	4 939	4 490	4 115	3 799	3 528	3 292
28	5 953	5 391	4 762	4 329	3 968	3 663	3 402	3 175
29	5 747	5 109	4 598	4 180	3 832	3 537	3 284	3 065
30	5 556	4 939	4 445	4 041	3 704	3 419	3 175	2 963

表 A6　常见作物经济系数

薯类作物	0.70 ~ 0.85	油菜	0.28
水稻	0.47	大豆	0.25 ~ 0.35
小麦	0.35 ~ 0.50	棉花（籽棉）	0.35 ~ 0.40
玉米	0.30 ~ 0.50	棉花（皮棉）	0.13 ~ 0.16
烟草	0.60 ~ 0.70	甜菜	0.6
马铃薯	0.59	花生	0.5
向日葵	0.32	芝麻	0.34
甘蔗	0.75	油菜	0.26

表 A7　某县各月各旬平均降水量（单位：mm）

月旬	1	2	3	4	5	6	7	8	9	10	11	12	全年
上	0.7	1.3	3.1	5.6	8.7	21	57.3	67.8	22.3	11.3	7.6	1.8	
中	1.3	1.7	1.8	11.2	6.2	22.3	68.2	65.8	18.7	12.7	5.4	1.8	
下	2	1.7	1.9	7.6	15.3	24	78.6	72.4	18.2	10.8	6.1	0.8	
合计	4	4.7	6.8	24.4	30.2	67.3	204.1	206	59.2	34.8	19.1	4.4	665

表 A8　某县各月各旬平均温度（单位：℃）

月旬	1	2	3	4	5	6	7	8	9	10	11	12	全年平均
上	1.6	3.3	8.8	16.6	22.6	28.3	31.1	29.7	28.7	20.9	13.7	6.2	
中	1.8	3.7	10.6	20.3	26.7	30.9	31.8	31.3	26.6	18.1	10.7	3.7	
下	0.8	5.6	13	21.3	27.5	30.8	32.2	30.8	22.4	16.8	7.7	2.4	
月平均	1.4	4.2	10.8	19.4	25.6	30	31.7	30.6	25.9	18.6	10.7	4.1	17.75

表 A9　主要作物生育期及所需积温

作物				积温/℃				生育期/天		
类型	种类	季节型	品种类型	℃	幅度	平均	选择指标	幅度	平均	选择指标
耐寒	春小麦			≥0	1 700～1 900					
低温	冬小麦				1 900～2 200					
中温	玉米	春	早中熟		2 461～2 882			116～132		
		夏	早熟		2 060～2 337	2 175.3	2 100～2 360	81～93	87	85±
			中熟		2 144～2 547	2 343.5	2 300～2 500	85～107	97	95±
	高粱	春	早熟		2 200±			<100		
			中熟		2 500～3 000			100～120		
			晚熟		>3 000			>100		
		夏	早中熟		2 100～2 500					
中温	谷子	春	特早熟	≥0	1 612～1 957	1 774	1 770	104～112	109	105
			早熟		1 952～2 155	2 051	2 100	93～94	94	95
			中熟		2 232～2 550	2 435	2 400～2 500	100～119	113	105～120
		夏	早熟		2 089～2 097	2 093	2 100	83～85	84	85
			中熟		2 094～2 368	2 244	2 200	84～95	89	90
	大豆	夏	极早熟		1 823～2 200	2 013		<120		
			早熟		2 695～2 785	2 751		121～127		
			中早熟		2 762～2 860	2 832		128～135		
			中熟		2 753～2 949	2 851		136～140		
			中晚熟		2 857～3 039	2 948		141～145		
			晚熟		2 987～3 163	3 075		>161		
			早熟	≥10	2 070～2 281	2 217		<100		
			中熟		2 509～2 750	2 601		101～110		

续表

作物				积温/℃				生育期/天		
类型	种类	季节型	品种类型	℃	幅度	平均	选择指标	幅度	平均	选择指标
喜温	甘薯	春		≥15	低限 2 100 3 200～3 400			≥90		
		夏			2 600					
喜温	水稻				3 600～3 800					
	棉花			≥10	3 600～4 000			>160		
	花生	春		≥10						
		夏								

表 A10　回茬复种所需≥0 ℃积温

上茬作物+农耗	下茬作物		所需积温/℃	选择概数/℃
	熟性	种类		
冬小麦+三夏三秋+	早熟	玉米	4 500～4 800	4 600～4 700
		谷子	4 400～4 700	
		高粱	4 500	
		大豆	4 476	
冬小麦+三夏三秋农耗+	中熟	玉米	4 700～5 000	4 800～4 900
		谷子	4 500～4 800	
		高粱	5 000	
		大豆	4 929～5 229	

注：

（1）三夏三秋农耗各 10 天 400 ℃；

（2）冬小麦积温≥0 ℃ 1 900～2 200℃；

（3）夏大豆中熟品种生产上极少，绝大部分均为大于 100 天的早熟品种。

表 A11　主要作物生理需水

作　物	蒸腾系数	适宜雨量/mm	需水特性
冬小麦	513	380～800	喜水，需水多
玉米	368	500～1 000	喜水，喜湿，需水多
高粱	322	430～630	较耐旱
谷子	271	450～550	耐旱
甘薯	250～500	450	耐旱，无性繁殖，再生力强
大豆	520～1 000	550～650	喜水，喜温
水稻	710	1 000～2 000	喜水，喜温
棉花	368～469～569～650	400～1 000	较耐旱

表 A12 主要作物所需土壤条件和因土种植

作物	对土壤、肥力、土质、pH 值的要求
小麦	适宜在各种土壤中生长；pH 为 6～8.5；土质：黏壤土适宜小麦的生长，黄土、蒙金土好
玉米	对土壤肥力要求较高，消耗土壤养分，有机质较多，要求土壤的通透性能好，对土壤质地要求不严格，pH 以 6.5～7.0 为宜
谷子	对土壤质地要求不严，耐瘠、耐酸、碱、旱；喜高燥地；pH 以中性最宜
高粱	适应性广，耐瘠薄，地力消耗厉害，耐盐碱、耐涝
大豆	对土壤要求不严，pH 值在 6.5 为宜。肥地、薄地都可生长
甘薯	碱性大的二合土较好，较耐瘠薄，消耗地力较厉害，较耐酸，pH 以 5～6 为宜
水稻	只要能保水保肥，各种土壤都可种植，一般以黏土为好，盐碱地经过洗碱可获得丰产
棉花	任何土质都可生长，以土层松厚，通透性好，肥力中上等为宜，pH 为 6～8，耐盐碱，盐分 0.4%受害
苜蓿	要求土壤湿润，能耐旱，不耐涝，地下水位高对其生长不利
糜黍	耐旱、耐瘠
大麦	要求一定水分，怕涝、较耐瘠
燕麦	对土壤要求不严格
亚麻	对土壤要求不严格，较耐寒

表 A13　正龙试验区 2024 年有机蔬菜种植规划

单位：亩，元

区域	面积	品种	占地月份	亩投入			品种	占地月份	亩投入			品种	占地月份	亩投入			品种	占地月份	亩投入			总投入
				种子	肥料	用工			种子	肥料	用工			种子	肥料	用工			种子	肥料	用工	
1	2.5	白茗	4—11 月	200	400	1 000	莲花白	11—4 月	20	400	875			20	400	1 100						
	2.5	京香蕉	2—4 月	125	400	975	四季豆	4—7 月	15	400	1 200	小蜜蜂甜玉米	7—9 月				白花菜	9—12 月	35	400	925	
2	2.5	韭菜	全年	150	500	3 900			0	0	0			750	600	975						
3	2.5	西葫芦	2—4 月	125	400	975	无筋豆	5—8 月	15	400	1 200	大蒜	8—4 月									
4	5	红秋葵	2—9 月	100	600	1 350	红甜菜	9—3 月	30	400	1 575			25	400	800						
5	5	青黄瓜	2—4 月	80	400	1 250	豇豆	4—8 月	15	400	1 200	娃娃菜	8—10 月	50	400	1 050	莲花白	10—3 月	20	400	875	
7	2.5	西葫芦	4—8 月	125	400	975	紫苤兰	8—10 月	25	400	1 025	油麦菜	10—12 月	35	400	925						
	2.5	水果黄瓜	2—4 月	60	400	1 250	紫糯	5—8 月	25	400	1 650	白花菜	8—10 月				菠菜	11—2 月	250	400	675	
8	5	黄秋葵	4—9 月	100	600	1 350	西芹	9—3 月	22.5	400	1 400											
9	5	草石蚕	全年	500	750	2 100																
10	2.5	折耳根	全年	600	600	2 100																
	2.5	旱藕香芋	3—11 月	300	750	1 800	莲花白	11—4 月	20	400	875											

续表

区域	面积	品种	占地月份	亩投入			品种	占地月份	亩投入			品种	占地月份	亩投入			品种	占地月份	亩投入			总投入
				种子	肥料	用工			种子	肥料	用工			种子	肥料	用工			种子	肥料	用工	
11	5	丝瓜	3—9月	40	400	1 300	紫土豆	9—12月	750	400	900			37.5	400	1 100						
12	2.5	小蜜蜂甜玉米	3—6月	20	400	1 100	球茎茴香	6—8月	150	400	1 750	西兰花	8—10月				京水菜	10—12月	15	400	1 125	
	2.5	苦瓜	3—9月	30	500	1 475	豌豆尖	9—3月	40	400	900			25	0	1 550						
13	5	青豆	2—6月	15	400	850	墨茄	6—11月	50	600	2 125	榨菜	11—4月									
14	5	芦笋	全年	0	600	3 250								25	0	1 100						
15	2.5	瓠瓜	4—8月	15	400	1 250	无筋豆	9—11月	15	400	1 200	雪里蕻	11—3月	25	0	1 550						
	2.5	早甜玉米	3—6月	30	400	1 100	芥蓝	6—9月	37.5	400	1 400	棒菜	9—3月									
19	5	雪莲果	3—12月	500	600	1 350																
21	5	牛蒡	3—10月	200	750	1 550	冬寒菜	11—2月	40	400	1 475											
22	5	地参	全年	0	500	1 450								50	0	1 500						
23	2.5	菠菜	2—3月	250	400	675	紫龙	3—9月	25	500	1 825	红菊苣	9—3月									
	2.5	番杏	3—11月	200	400	2 150	白土豆	11—3月	500	400	900											
24	5	生姜	2—10月	1 500	600	2 000	乌塌菜	10—2月	20	400	850											

续表

区域	面积	品种	占地月份	亩投入			品种	占地月份	亩投入			品种	占地月份	亩投入			品种	占地月份	亩投入			总投入
				种子	肥料	用工			种子	肥料	用工			种子	肥料	用工			种子	肥料	用工	
25	2.5	二荆条	3—9月	50	600	1 250	红裙生菜	9—12月	25	400	1 250											
	2.5						抱子甘蓝	10—3月	175	500	875											
26	5	莲藕	2—12月	1 000	600	750																
27	2.5	茭白	全年	1 500	600	700																
	2.5	荸荠	全年	1 000	600	1 650																
28	2.5	黄花菜	3—7月	350	400	1 800	芥蓝	7—8月	75	800	1 750	青油菜苔	9—3月	40	800	3 150						
29	2.5	满身红	4—7月	25	500	675	西兰花	7—10月	75	800	2 200	乌塌菜	10—2月	40	800	1 700						
30	2.5	明日叶	全年	1 750	400	2 100																
	2.5	红叶香椿	全年	150	600	1 400																

附录 B　某村保护区田块土壤类型分布及土地利用现状

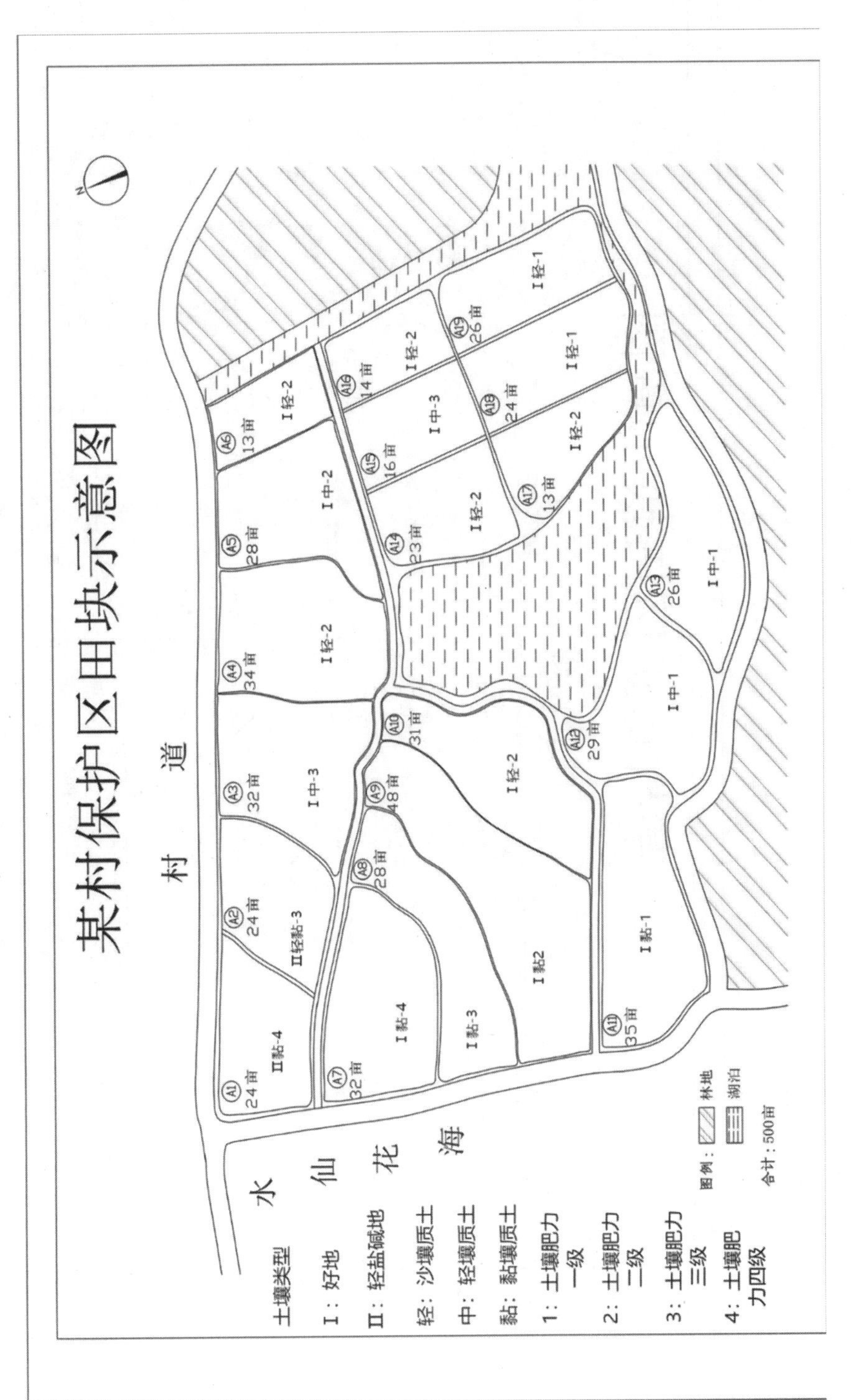

图 B1　某村土壤类型分布

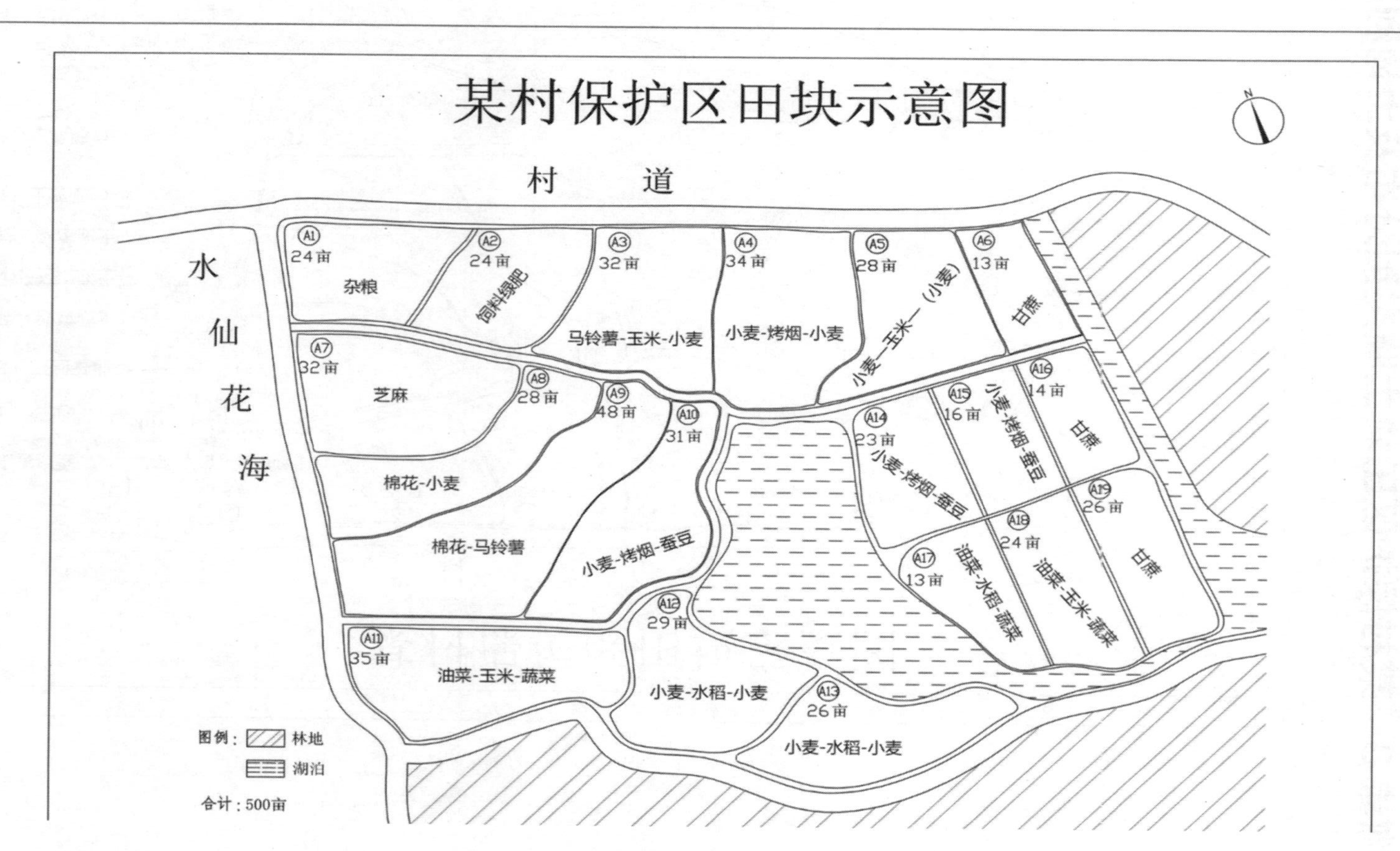

图 B2　某村土地利用现状

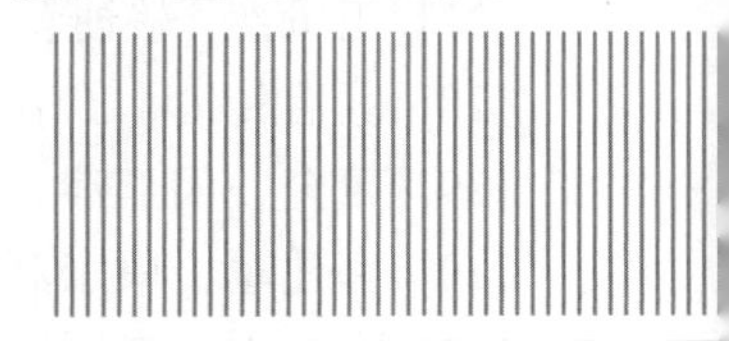

参考文献

[1] 宋碧. 作物栽培学与耕作学实验指导[M]. 贵阳：贵州大学出版社，2017.
[2] 四川农业大学，贵州农学院，云南农业大学. 作物栽培学实验指导[M]. 贵阳：贵州科技出版社，1995.
[3] 王国槐. 农学实践[M]. 长沙：湖南科学技术出版社，2003.
[4] 臧凤艳. 作物学实验[M]. 北京：中国农业出版社，2011.
[5] 张建奎，张晓科，张建，等. 作物品质分析原理与方法[M]. 北京：科学出版社，2020.
[6] 曹宏，马生发. 作物栽培学实验实训[M]. 北京：中国农业科学出版社，2018.
[7] 都兴林，等. 作物学实验实习指导[M]. 长春：吉林大学出版社，2010.
[8] 艾复清，江锡瑜，肖吉中，等. 烤烟外观成熟特征与品质关系的研究[J]. 中国烟草科学，1999（3）：27-30.
[9] 陈雨海. 植物生产学实验[M]. 北京：高等教育出版社，2004.
[10] 刘国顺. 烟草栽培学[M]. 北京：中国农业出版社，2003.
[11] 于振文. 作物栽培学各论[M]. 北京：中国农业出版社，2003.
[12] 官春云. 现代作物栽培学[M]. 北京：高等教育出版社，2011.
[13] 武圣江，典瑞丽，韦克苏，等. 不同基因型烤烟成苗期植物学性状和生理特性差异[J]. 浙江大学学报（农业与生命科学版），2014（5）：511-518.
[14] 杨文钰，屠乃美. 作物栽培学各论（南方本）[M]. 2 版. 北京：中国农业出版社，2011.
[15] 陈新红. 作物栽培学实验[M]. 南京：高等教育出版社，2014.
[16] 胡立勇，丁艳锋. 作物栽培学[M]. 2 版. 北京：高等教育出版社，2019.
[17] 尹福强，张文友，赵云飞，等. 不同基质配比对烤烟烟苗生长发育的影响[J]. 广东农业科学，2012（17）：60-62.
[18] 萧浪涛，王三根. 植物生理学实验技术[M]. 北京：中国农业出版社，2005.
[19] 宋街明，莫江，蹇国友，等. 不同播种期对烤烟烟苗素质的影响[J]. 安徽农业科学，2013（2）：528-530.
[20] 中国科学院植物研究所. 中国高等植物图鉴：第 1 册[M]. 北京：科学出版社，1994.
[21] 王荣栋，尹经章. 作物栽培学[M]. 北京：高等教育出版社，2005.
[22] 马炜梁. 植物学[M]. 北京：高等教育出版社，2009.
[23] 宫长荣. 烟草调制学[M]. 2 版. 北京：中国农业出版社，2011.
[24] 王学奎. 植物生理生化实验原理和技术[M]. 2 版. 北京：高等教育出版社，2006.

[25] 曹卫星. 作物栽培学总论[M]. 3 版. 北京：科学出版社，2017.
[26] 杨文钰，屠乃美. 作物栽培学各论（南方本）[M]. 3 版. 北京：中国农业出版社，2021.
[27] 王肇慈. 粮油食品品质分析[M]. 北京：中国轻工业出版社，1999.
[28] 颜启传. 种子学[M]. 北京：中国农业出版社，2007.
[29] 董全，闵燕萍，曾凯芳. 农产品贮藏与加工[M]. 重庆：西南师范大学出版社，2010.
[30] 郝建军，康宗利，于洋. 植物生理学实验技术[M]. 北京：化学工业出版社，2007.
[31] 于振文，李雁鸣. 作物栽培学实验指导[M]. 北京：中国农业出版社，2019.
[32] 王勇，哈长江，姜思永，等. 不同育苗措施对烟苗素质的影响[J]. 江西农业学报，2011（8）：88-89+92.
[33] 陈德华. 作物栽培学研究实验法[M]. 北京：科学出版社，2018.
[34] 朱广廉，邓兴旺，左卫能. 植物体内游离脯氨酸的测定[J]. 植物生理学通讯，1983（1）：35-37.
[35] 中国农业百科全书编辑部. 中国农业百科全书[M]. 北京：农业出版社，1991.
[36] 黄国勤，张桃林，赵其国，等. 中国南方耕作制度[M]. 北京：中国农业出版社，1997.
[37] 陈万金. 中国种植业养殖业发展趋势与对策[M]. 北京：中国农业科技出版社，1997.
[38] 刘翼浩，牟正国，邹超亚，等. 中国耕作制度[M]. 北京：中国农业出版社，1993.
[39] 黄国勤. 中国耕作学[M]. 北京：新华出版社，2001.
[40] 刘巽浩，韩湘玲，等. 中国耕作制度区划[M]. 北京：北京农业大学出版社，1987.
[41] 龚振平，马春梅. 耕作学[M]. 北京：中国农业出版社，2013.
[42] 曹敏建，廖允成，陈颖，等. 耕作学[M]. 北京：中国农业出版社，2002.
[43] 刘巽浩，韩湘玲，等. 中国的多熟种植[M]. 北京：北京农业大学出版社，1987.
[44] 梁卫理. 农业生产效益发展层次论[M]. 北京：中国农业出版社，1998.
[45] 马世骏，等. 中国的农业生态工程[M]. 北京：科学出版社，1987.
[46] 邹超亚，等. 中国高功能高效益耕作制度研究进展[M]. 贵阳：贵州科技出版社，1990.
[47] 黄国勤. 中国耕作学[M]. 北京：新华出版社，2001.
[48] 卢良怒. 兴起中的中国立体农业[M]. 北京：中国科技出版社，1990.
[49] 萧祖荫，于贵瑞. 耕作制度基本原理与优化设计方法[M]. 沈阳：辽宁科技出版社，1990.
[50] 杨春峰. 西北耕作制度[M]. 北京：农业出版社，1996.
[51] 杨怀森，孙先菊. 农作物间作套种[M]. 郑州：河南科技出版社，1991.
[52] 官春云. 农业概论[M]. 北京：中国农业出版社，2000,
[53] 卢良恕. 中国立体农业模式[M]. 郑州：河南科学技术出版社，1992.
[54] 韩俊. 海南的耕作制度[M]. 海南：海南出版社，1992.
[55] 卞新民，王耀南. 立体农业[M]. 南京：江苏科学技术出版社，2001.
[56] 牟正国. 持续高产种植模式的理论与实践[M]. 北京：中国农业出版社，1994.
[57] 沈煜清. 农业自然资源利用及农业区划[M]. 北京：中国农业出版社，1994.
[58] 蒋观贞，茅弼华，等. 高产优质高效种植模式 100 例[M]. 上海：上海科技文献出版社，1995.
[59] 王立祥，李军，等. 耕作学[M]. 北京：科学出版社，2003.
[60] 孙耀先. 土壤耕作技术与应用[M]. 北京：中国农业出版社，1996.

[61] 卢良恕．中国立体农业概论[M]．成都：四川科学技术出版社，1999.
[62] 胡耀高．农业总论[M]．北京：中国农业大学出版社，2000.
[63] 邹超亚．南方耕作制度[M]．北京：农业出版社，1996.
[64] 高旺盛，杨立光，青先国．粮食安全与农作制度建设[M]．长沙：湖南科技出版社，2004.
[65] 刘巽浩，陈阜．中国农作制[M]．北京：中国农业出版社，2005.
[66] 陆欣来．东北耕作制度[M]．北京：农业出版社，1996.
[67] 胡恒觉，黄高宝．新型多熟种植研究[M]．兰州：甘肃科学技术出版社，1999.
[68] 中国农学会耕作制度分会．中国农作制度研究进展[M]．沈阳：辽宁科学技术出版社，2008.
[69] 刘巽浩，李凤超，邹超亚，等．耕作学[M]．北京：农业出版社，1996.
[70] 中国耕作制度研究会和农业部科技发展中心．区域农业发展与农作制度建设文集[M]．兰州：甘肃科学技术出版社，2002.
[71] 刘旭，郑殿升，黄兴奇．云南及周边地区农业生物资源调查[M]．北京：科学出版社，2013.
[72] 邵东国．水肥资源高效利用[M]．北京：科学出版社，2012.
[73] 张跃彬．现代甘蔗糖业[M]．北京：科学出版社，2013.